养殖致富攻略·疑难问题精解

龟类高效养殖

GUILEI GAOXIAO
YANGZHI 200 WEN

200问

周　婷　董　超　周峰婷◎编著

U0395224

中国农业出版社
北　京

图书在版编目（CIP）数据

龟类高效养殖 200 问/周婷，董超，周峰婷编著 . —
北京：中国农业出版社，2019.6（2025.3 重印）
（养殖致富攻略·疑难问题精解）
ISBN 978-7-109-25287-5

Ⅰ.①龟…　Ⅱ.①周…②董…③周…　Ⅲ.①龟科－
淡水养殖－问题解答　Ⅳ.①S966.5-44

中国版本图书馆 CIP 数据核字（2019）第 137247 号

中国农业出版社出版
（北京市朝阳区麦子店街 18 号楼）
（邮政编码 100125）
责任编辑　武旭峰　林珠英　黄向阳

————————————

中农印务有限公司印刷　新华书店北京发行所发行
2019 年 6 月第 1 版　2025 年 3 月北京第 3 次印刷

————————————

开本：880mm×1230mm 1/32　印张：6.75　插页：2
字数：200 千字
定价：28.00 元

（凡本版图书出现印刷、装订错误，请向出版社发行部调换）

龟作为一种古老、特殊的爬行动物，已经在地球上生存了数亿年，同时也演化出了许多种类。据统计，全世界现存龟鳖种类330余种，其中，龟类多达300种，仅中国境内就分布有34种，占全世界龟鳖类总数的10％以上。龟类动物分布在热带或温带地区居多，有水栖类、半水栖类、陆栖类、海栖类之分，从某种意义而言，龟的生境几乎覆盖了全球各个区域。

近年来，随着人们生活水平不断提升，食用、药用及赏玩等方面的需求不断增加。发展龟类动物人工驯养繁殖，已成为一项新兴产业，这不仅有利于保护现有的野生龟类资源，更有利于防止和延缓龟类动物的野外消亡，当然，对于推动人工驯养繁殖的龟类动物持续利用也是大有裨益的。

从历史角度考证，我国人工驯养繁殖龟类动物已有相当长的一段历史。20世纪50年代，我国台湾已经开展中华鳖的人工驯养繁殖。90年代左右，龟类养殖业在原有鳖类养殖的基础上逐渐发展起来，初期只有极少数地方养殖且数量相对稀少。自90年代初期，我国龟类养殖业才算正式发展起来，尤其是1996年中华鳖市场衰退后，大多数养鳖场开始转型向养龟靠拢，这期间，少部分养殖户开始大面积驯养繁殖各种龟类，并有意培育龟类消费市场和供给渠道。就此，广东、广西、湖南、湖北、浙江和江苏等地，大大小小的龟类养殖场如雨后春笋般应运而生，龟类养殖行业和养殖技术也得到空前的发展。经初步统计，仅2002年年底，我国年产10万～20万只龟苗的养殖场就有8家；年产1万只龟苗的养殖场有100余家；年产100～10 000只龟苗的养殖场多达上千家。此数据且是当年统计，估计现在已呈几何倍数增加。其区位分布主要集中在广东、广西、湖南、湖北、江西、江苏、海南、浙江等地，特别是广东，已成为国内龟类驯养繁殖的核心区和重点区。

从养殖种类来看，龟类的驯养繁殖仍然以乌龟、黄喉拟水龟、红耳彩龟、蛇鳄龟、三线闭壳龟和其他各种水龟为主。据不完全统计，截至2018年，我国龟养殖种类已达137种，龟苗年繁殖量超过2 000万只，乌龟、中华花龟等种类已建立起较为稳定的人工驯养繁殖种群，人工驯养繁殖种类和资源量得到稳步增加。但类似眼斑水龟、平胸龟、黄额闭壳龟等种类的驯养繁殖目前仍处于探索研究阶段，需要进一步深入研究和开展有针对性的驯养繁殖试验。尽管如此，随着市场经济的发展，每一种龟类都有机会成为市场的宠儿，每一个驯养繁殖龟类的养殖场都有机会抓住机遇，成为市场经济的受益者和获利者。

《龟类高效养殖200问》正是在这样宏大的历史背景下

应运而生。全书共分为龟类养殖业概述、龟类综述、常见种类生物学特性、龟类饲养技术、龟类繁殖技术、龟类疾病防治技术和龟标本制作几大部分，囊括了龟类养殖状况、种类介绍、驯养繁殖技术、日常驯养繁殖过程中经常遇到和可能遇到的各类问题，具有很强的实用性与指导意义。因此，希望广大龟友和读者朋友能从中受益，愿本书成为您在龟类驯养繁殖过程中的良师益友。

编著者

2019 年 6 月

目录

CONTENTS

前言

一、龟类养殖业概述

1 中国龟类养殖业的萌芽阶段和初期阶段起源于何时？

我国龟类养殖业发展历程，经历了萌芽阶段、初期阶段、起步阶段和发展阶段四个阶段。

（1）萌芽阶段（1980—1999年）　驯养龟类早在殷商时期已有，寺庙里放生池驯养龟的方式，是我国最早人工规模化驯养龟类的模式。20世纪80年代，我国龟类的市场需求量较少，几乎无规模化专业养殖龟类，仅个别地方以饲养中华鳖或其他水生动物为主而附带少量养乌龟。

（2）初期阶段（1990—1999年）　20世纪90年代初，尽管中华鳖养殖迅猛发展，但龟的养殖户屈指可数。90年代中期，我国掀起了第一次养殖龟类浪潮，养殖种类以红耳彩龟、乌龟为主，极少量养殖黄喉拟水龟、黄缘闭壳龟；到90年代后期，在湖南、湖北、山东、江苏和浙江等省，规模不一的养龟场应运而生，养殖龟成为中华鳖市场跌入低谷之后兴起的一项年轻的新产业。

2 中国龟类养殖业的起步阶段和发展阶段起源于何时？

（1）起步阶段（2000—2010年）　至2000年，国产种类乌龟、黄喉拟水龟、黄缘闭壳龟，外来种类蛇鳄龟和红耳彩龟等种类的养殖兴旺，以湖南、湖北、江西、江苏、浙江、广东、广西居多，安徽、河南、山东、福建和海南次之。乌龟、红耳彩龟的养殖数量和年繁殖量最多，每年仅乌龟苗繁殖量在 300 万只左右；黄喉拟水龟、蛇鳄龟次之，每年有龟苗 5 万只左右；中国金钱龟和越南三线闭壳龟龟苗仅有 2 000 只左右；黄缘闭壳龟龟苗 1 000 只不到。

至 2005 年，全国养龟工厂化、规模化的企业已超过近百家。红耳彩龟、乌龟，尤其是黄喉拟水龟（越南产）的养殖颇受关注，龟养殖正随着市场行情走上正轨的发展轨道，将向更高的特色化、多元化发展。

（2）发展阶段（2010 年至今）　2010 年以来，我国的龟养殖进入发展时期，在广西、广东和海南为主的区域，发展养殖龟类已经成为农民致富、经济转型和庭院经济的一项重要产业。

③ 中国龟类养殖业的养殖区域布局如何？

我国龟类养殖户分布较集中的区域，主要分布于浙江、山东、江苏、湖南、湖北、河南、江西、广东、广西和海南 10 个省（自治区）。其中，广东、浙江、海南和湖南是龟类养殖的重点区域；新疆、内蒙古、青海、吉林尚无具有规模的龟类养殖场，只有少量爱好者以观赏为目的饲养；广东、浙江和江苏等省的养殖户数量多，且养殖户分布较集中，一定范围内形成了自身的养殖特色。浙江省杭州的桐庐、嘉兴的秀城、湖州的东林、金华的义乌、宁波的余姚等都已形成了一些养龟专业村、镇，成为浙江乃至全国知名的养殖区。广东省的龟类养殖户的面积不大，但养殖户分布密集，养殖数量多，饲养密度大，形成了多个养龟村或镇，如顺德陈村、大良、电白县沙琅镇；广西则以南宁、钦州为中心，向周围一些县市辐射。海南省的养殖户数量虽不及广东、浙江等省多，但海南省养殖户的养殖面积通常都在 100 亩*以上，他们的养殖种类多，养殖数量大，真正形成了种类多样化、面积规模化、数量集约化的产业化模式。

---

* 亩为非法定计量单位，1 亩＝1/15 公顷。——编者注

4 陆龟养殖分布区域如何？

目前在中国，以观赏、宠物为目的的人工繁育区域主要分布于中国台湾、中国香港地区以及北京、上海、天津等城市。在海南、广东、广西、浙江、江苏、辽宁的省会城市及周边城市集中着一批陆龟饲养爱好者，饲养者常以家庭为单位，在阳台、室内以木质饲养箱、塑料饲养箱、庭院进行饲养，饲养面积多在 $20\sim40$ 米^2。

以规模化人工繁育为目的、证照齐全、拥有出口资质的陆龟饲养区域主要分布于广东、广西和海南 3 个省（自治区），其中，海南省的驯养繁育企业最多。海南是国内最早进行陆龟规模化驯养繁育并得到一定发展的地区，已经成为我国最大、最集中的陆龟规模化驯养繁育基地。海南省凭借自身独特的天时地利优势，经过 10 多年的发展，陆龟养殖规模已经超过 20 公顷，成为我国陆龟规模化驯养繁育的理想之地和重点发展区域。

5 我国龟类的主要养殖种类有哪些？

目前，我国已养殖龟类 137 种。其中，曲颈龟亚目（Cryptodira）110 多种；侧颈龟亚目（Pleurodira）26 种左右。137 种龟类中，以外国种类居多，约 118 种；中国种类 18 种。137 种龟类中，水栖龟类 118 种，半水栖龟类 6 种，陆栖龟类 12 种，海栖龟类 1 种。

6 当前主要养殖的龟类有哪些？

当前，主要养殖 11 种龟类：乌龟、黄喉拟水龟、红耳彩龟、黄耳彩龟、中华花龟、金钱龟*、蛇鳄龟、河伪龟（红肚龟和火焰龟）、斑点池龟、黑颈乌龟和安南龟。

7 当前热门养殖的龟类有哪些？

当前，水栖龟类中的热门种类包括菱斑龟、花斑图龟、密西西

---

* 金钱龟泛指中国三线闭壳龟和越南三线闭壳龟。下同。

比地图龟、锦龟、大东方龟、斑点水龟、金钱龟和金头闭壳龟等种类；陆栖龟类中的热门种类包括苏卡达陆龟、红腿陆龟、缅甸陆龟、豹龟和阿尔达不拉陆龟；半水栖龟类中的热门种类包括黄缘闭壳龟、卡罗莱纳箱龟、木雕水龟和百色闭壳龟等种类。

8 中国陆龟养殖种类有哪些？

近20多年来，在宠物市场、网店和网站论坛上陆续发现以观赏、宠物、驯养繁育为目的的陆龟种类有22种。其中，中国有分布的陆龟3种，分布于其他国家的陆龟19种；岛屿型陆龟4种，欧洲型陆龟3种，亚洲型陆龟7种，美洲型陆龟2种，非洲型陆龟6种。目前，已经能够规模化驯养繁育的陆龟5种。其中，中国的陆龟种类1种，国外的陆龟种类4种；已繁育的陆龟种类8种。可见，我国的陆龟驯养仍以观赏、宠物为目的，而规模化驯养的种类以苏卡达陆龟、红腿陆龟、缅甸陆龟等8种为主。陆龟的驯养种类中，除北美洲的穴陆龟属（*Gopherus*）、珍陆龟属（*Homopus*）和非洲南部的石陆龟属（*Psammobates*）的物种未见饲养外，其他属的陆龟成员均有发现（表1-1）。

表1-1 我国陆龟养殖种类名录

序号	陆龟的驯养种类	观赏性驯养	规模化驯养	已繁育	规模化繁育	分布区
1	阿尔达不拉陆龟 *Aldabrachelys gigantea*	●	●			岛屿
2	放射陆龟 *Astrochelys radiate*	●				岛屿
3	安哥洛卡陆龟 *Astrochelys yniphora*	●				岛屿
4	苏卡达陆龟 *Centrochelys sulcata*	●	●	●	●	非洲
5	红腿陆龟 *Chelonoidis carbonaria*	●	●	●	●	美洲
6	黄腿陆龟 *Chelonoidis denticulata*	●				美洲
7	挺胸角陆龟 *Chersina angulata*	●				非洲
8	印度星龟 *Geochelone elegans*	●		●		亚洲
9	缅甸星龟 *Geochelone platynota*	●				亚洲
10	缅甸陆龟 *Indotestudo elongate*	●	●	●	●	亚洲

（续）

序号	陆龟的驯养种类	观赏性驯养	规模化驯养	已繁育	规模化繁育	分布区
11	印度陆龟 *Indotestudo forstenii*	●				亚洲
12	贝氏绞陆龟 *Kinixys belliana*	●				非洲
13	荷氏绞陆龟 *Kinixys homeana*	●				非洲
14	扁陆龟 *Malacochersus tornieri*	●				非洲
15	黑凹甲陆龟 *Manouria emys*	●	●	●	●	亚洲
16	凹甲陆龟 *Manouria impressa*	●		●		亚洲
17	蛛网陆龟 *Pyxis arachnoids*	●				岛屿
18	豹龟 *Stigmochelys pardalis*	●	●	●	●	非洲
19	希腊陆龟 *Testudo graeca*	●				欧洲
20	缘翘陆龟 *Testudo marginata*	●				欧洲
21	赫尔曼陆龟 *Testudo hermanni*	●	●			欧洲
22	四爪陆龟 *Testudo horsfieldii*	●				亚洲

9 我国龟类养殖模式有哪些？

（1）庭院养殖　庭院养龟是充分利用房前屋后小块零星杂地建造龟池；也有利用原有小水池、废弃水坑、水沟等改造后养龟。庭院养殖适宜小规模投资，饲养各种生态类型的龟鳖动物。

（2）阳台、楼顶养龟　阳台、楼顶养龟是利用阳台微小的场地、楼顶有限的空间，合理设计布局而建的养龟池。阳台楼顶养龟省略了租赁场地等繁琐的程序；阳台和楼顶的独特位置，不仅可提高安全防护，还具有冬暖夏凉的房屋节能效果。

（3）外塘生态养殖　采用模拟龟在野外的生活环境，投喂天然饵料、自然冬眠的饲养方法。池塘周围着重进行环境布局，栽种各种植物，既可作为龟饵料，也起到遮阳、防惊扰作用。外塘生态养殖模式除用于繁殖育苗外，还可育种和饲养幼龟，即将当年龟苗在温室饲养 1 年，翌年放养于外塘，饲养 2～3 年后龟品质与野生龟相似。

（4）室内生态养殖模式　利用室内空闲房间修建水泥池，饲养面积通常在 30～150 米^2。室内生态养殖适宜小规模投资和饲养珍稀价值高的种类，以饲养水栖和半水栖龟类为主。在修建养龟池时，既考虑龟池式样美观、经济实惠、使用方便，还要考虑龟池的隐蔽性。

（5）稻田养龟　一种动植物互生、同一环境生态互利的养殖新技术。也是稻田作物空间间隙再利用，不占用其他土地资源，又节约饲养龟类成本、降低田间害虫危害及减少水稻用肥量等互补互利措施，不影响水稻产量，但却大大提高了稻田单位面积的经济效益。

（6）蕉田养龟　农民增收农业增产的有效尝试，也是一种双赢的种养模式。蕉田里放养龟，蕉沟为龟的生活栖息、生长提供必需的场地，蕉田和水面为龟提供遮阴；龟的活动、摄食、排泄物，为蕉田累积提供大量高级有机营养肥源，有利于蕉的生长和品质的改善；蕉田里温暖多湿，蕉影阳光也比较适应龟的生长。

（7）龟鳖鱼混养　在同一池塘水体中，将鱼、龟与鳖混合养殖。养龟鳖促鱼、养鱼利龟鳖。鱼龟鳖混养可互利共生，达到鱼龟鳖丰收的目的。该模式既提高了单水体利用率，挖掘了生产潜力，又增加了养殖者的经济收入。

（8）果园养殖　在果园内建造龟池，饲养半水栖龟和陆栖龟。果园养龟可提高单位面积经济效益的好途径，节约人工养龟的成本及有效降低果林害虫，且提高土地利用率，便于一体化综合管理等优点。

10 部分龟的年繁殖状况如何？

目前，已繁殖的龟种类达到 80 多种，以水栖龟类居多，达 60 多种，乌龟、红耳彩龟等种类的年繁殖已达 500 万只以上；半水栖龟类以黄缘闭壳龟，陆栖龟类中的苏卡达陆龟、黑凹甲陆龟、红腿陆龟、缅甸陆龟均已繁殖成功。其中，苏卡达陆龟年繁殖量最大，已超过 2 000 只。

　　我国每年繁殖出各种龟苗高达 3 000 万~4 000 万只。其中，红耳彩龟年平均繁殖量在 1 000 万只以上；乌龟 800 万只；中华花龟 300 万~500 万只；黄喉拟水龟 50 万~70 万只；蛇鳄龟 5 万~10 万只；中国三线闭壳龟和越南三线闭壳龟的繁殖量合计为 5 500~8 500 只以内；黄耳彩龟、锦龟、丽锦龟、密西西比地图龟均为 5 000~8 000 只；黄缘闭壳龟 2 000~5 000 只。可见，乌龟、黄喉拟水龟、中华花龟、中国三线闭壳龟、越南三线闭壳龟、黄缘闭壳龟、红耳彩龟和蛇鳄龟种类的繁殖量已趋于稳定。

11 目前龟类养殖趋势如何？

　　早期龟类的养殖种类以乌龟、红耳彩龟、黄喉拟水龟为主，随着市场变化及供求需要，养殖种类已由过去的老三样逐步向多样化转变，其中，外国种类养殖增加迅猛。目前，养殖种类仍在不断增加，而且养殖种类除继续保持食用型、药用型龟类外，少数养殖户已向观赏型龟类发展。

　　我国龟类的养殖数量明显呈上升趋势，红耳彩龟年繁殖量上升最快，乌龟、蛇鳄龟、中华花龟的年繁殖量也呈上升趋势，增长率都在 100% 以上；黄喉拟水龟的年繁殖量上升较慢。目前，龟的养殖种类已多样化，数量也呈上升趋势。

12 我国南北区域养殖龟类有何不同？

　　我国南北区域的龟类养殖业已逐渐形成了自身养殖特色，广东、广西、海南因气候等因素适宜繁育各种龟类，已成为我国龟类的育苗区域。以海南为例，海南饲养的龟类几乎无冬眠期，在 1 月，其他省的龟类尚在冬眠，海南已有少数龟类开始产卵；海南龟类自 4 月中旬开始陆续进入产卵高峰，直至 7 月中旬左右仍有少量龟产卵。江苏、浙江、湖南、湖北等地养殖户除育苗外，采用封闭式工厂化温室和小面积温室（100~200 米²）饲养商品龟，形成了我国生产商品龟的重要产区。此外，海南、广东和广西以繁殖中国三线闭壳龟和越南三线闭壳龟为主，形成了养殖中国三线闭壳龟和越南三线闭壳龟特色。可见，海南、广东和广西以培育各种龟苗为主；江苏、浙江、湖北、湖南和山东等地在育苗的基础上以饲养商品龟为特色。

13 我国陆龟养殖现状如何？

近6年以来，海南、广东和广西的龟鳖养殖企业、转型企业以及投资者先后加入规模化驯养繁育陆龟行列，推动了陆龟的规模化驯养繁育发展，我国陆龟规模化驯养繁育进入初级发展阶段。

海南是我国开展陆龟规模化驯养繁育的先驱，10多年前就积极开展外国陆龟种类的引进工作，是国内扩大驯养繁育陆龟的重要源头和中坚力量，为推动我国陆龟产业发展做出了重要贡献。截至2018年年底，海南省已饲养苏卡达陆龟成体超过2 000多只、亚成体800多只、幼龟1.5万多只，每年可繁殖龟苗1万多只；红腿陆龟成体1 500只，年繁殖龟苗超过2 000只；阿尔达不拉陆龟100多只。广东省是我国最早将陆龟作为观赏宠物饲养的省份。2013年开始，广西有少量饲养者涉足饲养苏卡达陆龟幼龟和亚成体、红腿陆龟。

根据调研，中国香港和中国台湾地区尚未发现专门的陆龟人工繁育场，陆龟主要被一些爱好者饲养繁殖，以苏卡达陆龟、红腿陆龟、豹龟、赫尔曼陆龟、阿尔达不拉陆龟等为主。一些陆龟种类有少量繁殖，如苏卡达陆龟、红腿陆龟、黑凹甲陆龟、缅甸星龟等。

截至2018年年底，我国驯养繁育陆龟种类中，苏卡达陆龟的成龟、亚成体、幼龟和年繁殖量均位居第一，是观赏性饲养和规模化驯养繁育的主要对象，是陆龟饲养繁育的代表种类，也是现阶段驯养量最、繁育量最多、爱好者最追捧的种类。红腿陆龟成龟存栏量超过2 000只，年繁殖量3 000～4 000只。红腿陆龟名称中"红"字符合中国人以红色代表吉祥、喜庆的理念，故深受养龟者和爱好者喜欢，加之红腿陆龟体型小，互动性强，市场需求量大，引起了投资者重视，从而使其存栏量和年繁殖量仅次于苏卡达陆龟。豹龟成龟存栏量1 300只，年繁殖量低于2 000只，是陆龟中驯养繁殖量位居第三的陆龟种类。缅甸陆龟是陆龟种类中较早被饲养的种类，但因其饲养技术尚未成熟，成活率低，产卵量每次3～7枚，故饲养规模不及苏卡达陆龟和红腿陆龟发展快，成龟存栏量低于1 000只，年繁殖量低于1 500只。阿尔达不拉陆龟是存栏量中较少的种类，因其性成熟期长达20～30年，故繁殖极少，仅有亚成体和幼龟被饲养（表1-2）。

表1-2 我国部分陆龟种类驯养繁育状况

单位：只

序号	陆龟的驯养种类	成龟	亚成体	幼龟	年繁殖龟苗
1	苏卡达陆龟 *Centrochelys sulcata*	<3 000	1 000～2 000	<10 000	25 000～30 000
2	红腿陆龟 *Chelonoidis carbonaria*	<2 000	<1 000	<1 400	2 000～3 500
3	豹龟 *Stigmochelys pardalis*	<1 200	<500	<1 200	<1 800
4	缅甸陆龟 *Indotestudo elongate*	<1 000	<600	<600	<1 500
5	黑凹甲陆龟 *Manouria emys*	<500	<800	<600	<600
6	黄腿陆龟 *Chelonoidis denticulata*	<400	<200	<500	<500
7	阿尔达不拉陆龟 *Aldabrachelys gigantea*	<100	<300	<600	极少

14 健康养殖龟获益的前提是什么？

正确选择合适的养殖种类，是养殖龟获得成功的先决条件之一。龟养殖渐成热点后，不同的种类其价格差异较大。因选择的种类不同，产生的经济效益截然不同。所以，正确选择种类，是健康养殖龟获益的前提。

世界龟鳖动物现存330余种，按其用途分为观赏类、药用类和食用类。引种前需对龟类市场作一番调查（本地及周边地区），确认哪一种类型龟能获益，再根据自身条件（包括场地、资金、饵料来源和水源等），因地制宜地适当引种。目前，观赏类的红耳彩龟、红肚龟等在国内市场上仍有销路，尤其是稚龟（当年孵化的龟），它以价廉物美优势占有市场；苏卡达陆龟、豹龟等陆龟的稚龟，是深受人们喜欢的观赏陆龟，但国内市场上的稚龟，大多数仍依赖进口。食用类的蛇鳄龟，具有生长速度快、适应性强和含肉率高的特点，是龟类中新的养殖热点。药用类的乌龟、黄喉拟水龟、金钱龟等均有较好的开发前景。目前，备受人们关注的黑颈乌龟、安南龟，虽然价格偏高，但仍然吸引了一部分养龟者。

15 健康养殖龟获益的条件是什么？

龟苗、龟种质量是健康养殖龟获益的条件。龟苗分为稚龟、幼龟。稚龟指当年繁殖的龟；幼龟指饲养1年以上、体重250克以下的龟。挑选龟苗，可从精神状态、外形和体重等方面观察。外形无伤、爪齐全、反应灵敏的龟视为健康龟。种龟指具有繁殖能力的龟。种龟分为加温与非加温两种。一般认为加温饲养的龟，繁殖能力较低，产卵数量较少，不宜做种龟。引种应到信誉好、售后服务好的养殖场或相关专业单位。引种前对供货的养殖场或单位作一番了解，包括龟的来源、饲养方法、食物种类、水质和运输方法等情况，以便为日后饲养做好准备。

16 健康养殖龟获益的基础是什么？

正确选择养殖模式是获益的基础。龟类的养殖模式，是指养殖户用何种方法养龟。正确选择饲养方式，是养龟获益的基础。目前，龟的饲养模式归纳起来主要有季节性暂养、温室饲养、鱼龟混养和立体饲养4种。不同的养殖模式，获得的经济效益迥然不同。养殖户必须根据自身的场地、资金、销售等情况，选择适合自己的养殖模式。

17 健康养殖龟获益的关键是什么？

饲养技术是健康养殖龟获益的关键。饲养技术，包括饲养密度、饵料、水温、疾病防治以及日常管理等。①饲养密度高低，直接影响龟的生长速度和成活率。饲养密度高，制约龟生长，易引起龟患病；反之，龟生长适当，龟发病率低。因此，只有饲养密度适当，才能充分利用池塘将龟饲养好。②龟的生长速度、体质、抵抗能力，饵料起着主导作用。如投喂缺乏某些营养的饵料，往往会导致龟的营养不良，进而引起疾病。因为，龟在不同的发育阶段，对营养成分和数量的需求也有所不同。稚龟阶段，适宜投喂鲜活饵料，如水蚤、红虫、水丝蚓及大平二号幼蚓等。幼龟及商品龟，适宜投喂人工混合鳖饲料、新鲜家禽内脏、牛猪内脏及下脚料，并定期在饵料中拌入营养物质，如维生素、微量元素等。成龟的饵料基本同幼龟，只是不同季节，需在饵料中添加不同的物质。春季需添加维生素 E 等物质，有益于龟产卵。秋季需添加抗生素等药物，有益于预防疾病，使龟安全越冬。③龟是变温动物，龟的活动量、进食多少完全受水温控制。不同种类龟的适宜水温有所差异，大多数龟类生长发育的适宜范围为 25～30℃。④疾病防治是不可忽视的工作。龟患病仅从外表症状难以发现，一旦发现龟停食、反应迟钝、四肢无力等症状时，其病情已到危急程度。所以，对于疾病宜从预防着手，坚持以防为主、治疗为辅的原则。目前，龟养殖中存在降低饲料成本、提高稚龟成活率、疾病防治和及时销售等问题。因此，建议养殖户在投资养龟之前，应做一番市场调查，然后确定发展套路，开始适当养殖一些龟的种类。切不可盲目上马，以免造成不必要的经济损失。

18 观赏龟与宠物龟有何区别？

观赏龟，顾名思义是指用于观看、欣赏和玩赏的龟。观赏龟的出现，远远超出了我们所习惯理解的"宠物"的概念。观赏龟和宠物龟均具有观看、欣赏功能，两者之间最大的区别在于：观赏龟具有投资、收藏和增值作用，偏重于经济目的饲养，如金钱龟、星点水龟和金头闭壳龟等种类，除了欣赏之外，还兼有收藏和投资功能。宠物龟是继猫、狗、鱼之外的又一种宠物，因娱乐、消闲而饲养，偏重于非经济目的，如红耳彩龟、乌龟等种类，人们作为宠物饲养。观赏龟与宠物龟之间仅仅是相对而言，并没有绝对的划分标准，两者之间因饲养数量、稀有程度、大众认可程度等因素变化而互相转换。

19 观赏龟市场现状如何？

目前，我国观赏龟市场主要分为国内市场和国外市场。国内市场主要包括宠物、玩赏收藏、养殖、文化旅游四个方面，宠物市场主要是面对宠物龟爱好者，宠物龟种类以红耳彩龟、乌龟、蛇鳄龟和中华花龟等种类为主；玩赏收藏市场主要面对龟的玩家，以稀有种类、特有种类为主，如闭壳龟类、箱龟类和木雕水龟等种类；养殖市场主要面对养殖和投资兼顾的类群，以热门种类、流通快、前景好和易饲养繁殖等种类为主，如金钱龟、黑颈乌龟、安南龟、花斑图龟、菱斑龟、木雕水龟、星点水龟、苏卡达陆龟和希拉里蟾龟等种类；文化旅游市场面对动物园、爬虫馆和以龟为主题的旅游项目，所有龟类都可用于文化旅游市场，侧重于以体型大的龟类、体色艳丽、稀有龟为主，如苏卡达陆龟、阿尔达不拉陆龟等，以达到多元化、多样化的展示效果。

国外市场主要是观赏龟的出口贸易。由于观赏龟是"非食用性"，出口手续和要求相对宽松简单。中国未出口龟类之前，美国以种类多、繁殖量大成为国际观赏龟的主要供货商，种类以美国本土的红耳彩龟、黄耳彩龟、蛋龟类、地图龟类和蛇鳄龟等为主；欧洲、东南亚的一些国家也有少数养殖场，以印度星龟、红腿陆龟和黄头南美侧颈龟等种类为主。自2005年起，我国观赏龟在国际观赏龟市场崭露头角后，出口种类和数量逐年增加。我国出口的龟类以价格低廉、种类多、数量大、品质优的优势，吸引了欧洲、美国、新加坡、阿拉伯联合酋长国等10多个国家和地区的进口商来中国实地考察。至2018年9月，海南省已出口乌龟、黄耳彩龟、中华花龟、地图龟类、蛋龟类、蛇鳄龟、红耳彩龟等30种到德国、葡萄牙、捷克、意大利、阿拉伯联合酋长国、利比亚等27个国家和中国台湾、香港地区。从消费趋势看，欧洲对小型观赏龟需求量大，种类以乌龟、中华花龟、地图龟类和蛋龟类为主。

20 观赏龟未来发展趋势如何？

观赏龟是人们在生活水平提高后，为提升生活质量，缓减工作压力以及产业调整、个人爱好等因素成为人们选择的观赏、宠爱、收藏和投资对象的，观赏龟走入家庭已渐渐成为趋势，观赏龟进入消费市场是社会经济发展的需求，观赏龟势必会成为龟类养殖产业的一个主要方向。

21 陆龟养殖产业的发展趋势如何？

当前，我国陆龟产业发展趋势呈现出三大趋势。第一，陆龟产业的人工繁育种类趋于多样化。观赏宠物市场中常见陆龟种类，主要有苏卡达陆龟、红腿陆龟、豹龟、缅甸陆龟、印度星龟，其余陆龟种类市场供应量较少。目前，欧美、日本、中国是陆龟的主要消费国家。苏卡达陆龟、红腿陆龟等种类是国际观赏宠物陆龟市场的主流种类，需求量逐年递增。此外，产于亚洲的缅甸陆龟、黑凹甲陆龟、四爪陆龟等，一直是欧美等国家喜爱且需求量较多的种类，但是全球范围内缅甸陆龟和黑凹甲陆龟繁育量较少，远不能满足国际市场需求，全球陆龟市场势必将随着市场供求关系变化而发生改变。第二，陆龟产业链不断延伸，附加值不断增加。陆龟产业链是指以驯养繁育生产为基础，集饲料、器材、销售、疾病治疗、药物、旅游等要素为一体的新兴产业。陆龟产业具有广泛的产业关联性，除种苗、饲料和药品产业以及救护繁育需求外，还涉及饲养繁育技术指导、饲养器材、繁育材料、设备装配、运输包装、旅游和休闲等外围产业，产业链辐射面广。此外，产业还可向旅游、休闲度假等户外观光领域拓深延展，向陆龟养殖技术和陆龟高科技深加工衍生产品等价值链高端延伸。每一种陆龟都有其忠实的粉丝，挖掘龟文化，以龟文化为载体，从多层次、多形式、多元化的角度包装陆龟产业，体现并提升陆龟价值。第三，陆龟产业贸易走向国际市场。陆龟的发展趋势以观赏宠物市场为主，贸易市场覆盖国内外，市场需求量大。我国目前以国内市场贸易为主，随着规模化驯养繁育的不断发展，在不久的将来，我国的陆龟贸易必然走向国际陆龟市场，参与国际陆龟市场竞争，我国有可能成为驯养繁育陆龟的大国，是国际陆龟市场的主要供应国。

22 国内观赏龟市场如何？

（1）消费市场　目前，批量饲养观赏龟群体主要集中在广东、广西、海南；近年来，浙江、湖南、江苏开始有少量尝试涉及；其他地域尚没有或者仅有少数养殖观赏龟，一旦这些地域被引导和带动，是不可忽略的市场。另外，我国北方的观赏龟市场因受到气候、货源等因素影响，北方市场较冷淡，未能完全得到开发。

（2）养殖种类　尽管我国观赏龟养殖的种类多样化，但一些种类的繁殖量尚未批量规模化，年繁殖量未超过 5 000 只的种类还有很多种。因此，养殖种类不能局限在少数种类上，需要拓宽视野，增加年繁殖量，达到批量化、规模化投放市场。

（3）未来可能有潜力的几种观赏龟　物美价廉的种类，包括圆澳龟、红面蛋龟、长颈龟、三弦麝香龟、东部锦龟、西部锦龟、密西西比地图龟和佛罗里达甜甜圈。这些种类有的以观赏性强、体型小、价格低等特点吸引人们，在未来观赏龟市场中有可能潜力较大。另外，一些物种稀缺、体色艳丽、受市场欢迎的高档种类，也在近期受到人们关注和重视，如金钱龟、安南龟、黑颈乌龟、钻纹龟、星点水龟、木雕水龟、花斑图龟、希拉里蟾龟和阿拉巴马伪龟。这些龟种源少、繁殖量少、市场流通快，有可能是观赏龟中增值潜力大的种类。

23 国外观赏龟市场如何？

国外观赏龟市场主要以德国、意大利、葡萄牙、西班牙、科威特、美国、日本、韩国等国家为主；另外，中国香港和中国台湾也是观赏龟的主要市场。种类以水栖龟类为主，少量陆栖龟类；以中国的乌龟、中华花龟、黄缘闭壳龟，美国的黄耳彩龟等彩龟类、动胸龟类、地图龟类等32种为主。

据了解，除了美国、马来西亚等少数国家外，欧洲、日本、韩国等国家均无规模化的观赏龟养殖场，观赏龟都是依赖进口。因此，我国观赏龟出口企业要充分发挥养殖种类多、繁殖量大的优势，积极进军国际市场。另外，观赏龟的种类中很多是受国内外保护的物种，即使已经繁殖成功，但没有取得合法销售许可。如果按照CITES组织的要求记录详细资料和影像，申请备案注册，获得CITES"通行证"后，研制标记芯片，将龟体植入标记芯片，打破CITES公约壁垒，使斑点池龟、三棱黑龟、缅甸星龟等CITES附录Ⅰ物种合法进入国内外市场。

24 中国陆龟人工繁育发展状况如何？

中国的陆龟人工繁育萌芽于1988年前后，随着中越边境贸易的兴起，东南亚一带的野生动物及其产品从越南进入广西，各种陆龟也随着大批野生动物进入广西。此后，随着中国香港至大陆口岸的开放，中越等边境贸易的繁荣和国际龟类贸易的加剧，我国龟类市场需求量逐渐递增，缅甸陆龟、凹甲陆龟等亚洲型陆龟通过多种渠道流入广西、云南、广东，再运输至上海、福建等地。2002—2005年，少数爱好者获得来自野外的凹甲陆龟、苏卡达陆龟（*Centrochelys sulcata*）、缅甸陆龟、黑凹甲陆龟产的卵，并人工孵化成功，是我国大陆人工繁育陆龟的起始。2003年，中国台湾地区在世界上首次繁育成功缅甸星龟（*Geochelone platynota*）。2005年，上海某养殖场开始人工养殖印度星龟幼龟500只，成为国内最早批量养殖陆龟的企业。随着陆龟爱好者的增加，逐渐形成了一个陆龟饲养群体，并出现相关的陆龟网站，传授陆龟知识和饲养方法。2005年，海南省率先开展了苏卡达陆龟和红腿陆龟规模化人工繁育的探索，于2007年成功规模化繁育了苏卡达陆龟。2008年规模化繁殖了红腿陆龟，2009年繁殖了缅甸陆龟，幼龟饲养成活率达95%以上，成为国内首个规模化人工繁育红腿陆龟和苏卡达陆龟的企业，开启了我国规模化人工繁育陆龟的先河。至2016年，我国陆龟驯养繁殖更加专业化和规模化，并在海南、广东、广西不断发展壮大。目前，我国规模化驯养繁育陆龟企业集中于海南、广东和广西。北京、上海、天津、沈阳等城市有一些家庭式饲养，部分陆龟饲养爱好者繁殖了苏卡达陆龟、红腿陆龟、缅甸陆龟、凹甲陆龟等种类。近年来，陆龟养殖得到了进一步发展，养殖规模、养殖数量、养殖种类都已稳步递增。

25 中国陆龟进口贸易状况如何？

以全球陆龟观赏宠物市场来分析，历史上美国、德国、意大利、法国是最大消费国，其次是日本、韩国、中国以及中国香港和台湾地区。其中，欧美各国、日本、中国是陆龟进口需求中心。中国香港和台湾地区除了是陆龟贸易中心外，还是通往亚洲需求的中转供应站。陆龟被从中国香港和中国台湾地区输入广东省，然后再辐射至其他省（直辖市）。随着中国大陆市场的不断扩大，市场需求量大幅增加。我国陆龟的进口贸易来源主要是美国、法国、德国、捷克、斯洛伐克、委内瑞拉、苏丹、马里、泰国、越南、老挝、缅甸等国家。

目前，我国各种渠道进口的陆龟贸易中，苏卡达陆龟、红腿陆龟、豹龟、印度星龟、阿尔达不拉陆龟（*Aldabrachelys gigantea*）等陆龟种类的引进量较大，其他陆龟较少。据不完全统计，2010年至2017年9月，合法进口苏卡达陆龟约1 000只，其他渠道进口超过1万只；红腿陆龟合法进口约500只，其他渠道进口5 000只；阿尔达不拉陆龟进口20只，其他渠道进口约2 000只。

26 如何出口龟类？

出口龟类需要一些正规文件，除了营业执照等基本的证照外，驯养许可证、经营利用许可证、海关收发货人注册登记、出口备案登记、进出口动物检验检疫注册证、动物出口许可证等是重要的出口证件，这些手续缺一不可。此外，出口包装和装运方法也是出口过程中重要的一个环节，出口包装必须符合《国际航空运输协会条例》，简称IATA。其中，龟的包装要求是：用井字格隔离龟，或用塑料盒单独包装，使龟与龟之间不能互相挤压，并有一定的活动空间，包装箱需透气孔。所有证照齐全后，需在银行开通外币账户，便于客户付款。报关、报检和运输可委托代理公司办理。

27 出口观赏龟如何办理相关手续流程？

出口观赏龟办理相关手续流程见图1-1。

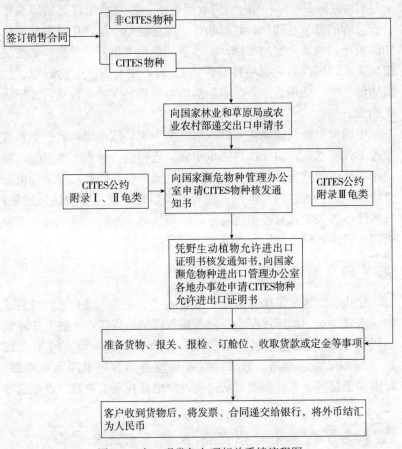

图1-1　出口观赏龟办理相关手续流程图

28 中国陆龟贸易状况如何？

陆龟贸易，包括国内贸易和出口贸易。根据对我国近20年的陆龟贸易状况的调查，2005年之前的陆龟贸易以食用为主。此后，随着生活水平的提高，陆龟作为观赏动物而兴起，陆龟在我国的观赏价值已远远高于其食用价值。就消费群体而言，我国陆龟贸易中以观赏宠物消费为主，约占80%，且这一群体未来发展空间较大。通过对2014—2016年国内销售数据分析，目前中国仅可供应少量自繁自养的苏卡达陆龟、红腿陆龟、缅甸陆龟、黑凹甲陆龟的稚龟和幼龟至国内观赏宠物市场，大多数陆龟种类仍需依赖进口来满足市场需求。国内陆龟贸易种类多达22种，主要以苏卡达陆龟、红腿陆龟、缅甸陆龟为主，苏卡达陆龟年贸易量大约4万只，红腿陆龟约1万只。

中国出口龟类动物主要以淡水龟类为主，陆龟出口的种类和数量远不及淡水龟。由于国内陆龟销售渠道畅通、销售市场兴旺，加之出口陆龟手续繁琐、出口许可证审批周期长，因此，养殖场更愿意将陆龟销售到国内。但是，随着人工繁育的成功和规模化发展，我国陆龟种类中已有苏卡达陆龟、缅甸陆龟、黑凹甲陆龟等出口到德国、日本，销售到中国香港和中国台湾。

29 如何寻找外商客户？

寻找外商客户是国际贸易中重要的一个环节，通常可以参展宠物、水族行业的国际展览会。随着商务网站的兴起，一些专注外贸的网站也是寻找外商客户的渠道，如 made-in-china、阿里巴巴1688等国际贸易网站。通常经营观赏龟类的客户也经营观赏鱼、爬虫和器材等业务，所以，从这些客户中寻找观赏龟客户也是途径之一。

30 观赏龟类出口国际贸易市场发展趋势如何？

观赏龟类的出口，是近几年中国刚刚出现的新市场。据了解，除了美国、马来西亚等少数国家外，欧洲、日本、韩国、科威特等均无规模化的观赏龟养殖场。过去，欧洲等国家的观赏龟依赖于从美国等国家进口。自中国的观赏龟走向国际市场后，中国的观赏龟以种类多、数量大等优势吸引欧洲、韩国、美国等客户，中国必将成为观赏龟的主要供应商。依据目前国际观赏龟贸易状况，未来国际观赏龟需求量仍然有上升趋势，国际观赏龟的市场对种类、规格的需求将进一步扩大。黄耳彩龟等彩龟类以体色艳丽深受欧洲客户青睐，动胸龟类以体小、易饲养深受欧美客户喜爱；中国的乌龟和中华花龟因是亚洲种类，国外无货源，受到欧美、韩国等国家的钟爱，需求量逐年上升。中国的黄缘闭壳龟、四眼斑龟、黄额闭壳龟等亚洲种类是未来出口的一个方向，在国际观赏龟市场有一定的需求量。

观赏龟出口国际贸易市场处在不断摸索的过程，观赏龟作为中国一个新兴养殖产业，观赏龟在国际宠物市场中，将以不同的贸易方式、不同的贸易方向建立中国品牌，立足于国际观赏龟市场。

31 如何办理龟类养殖相关手续？

国家出台《野生动物保护法》《重点保护野生动物驯养繁殖许可证管理办法》规定，要求从事驯养繁殖野生动物的单位和个人，必须取得《国家重点保护野生动物驯养繁殖许可证》《陆生（水生）野生动物经营许可证》，如果跨省运输动物，需要申请办理《陆生（水生）野生动物运输证》。

以生产经营为主要目的驯养繁殖野生动物的单位和个人，须凭《驯养繁殖许可证》向工商行政管理部门申请注册登记，领取《企业法人营业执照》或《营业执照》后，才能从事经营活动。

国家一级（包括 CITES 公约物种）保护动物的驯养许可证，需要由国家林业和草原局（陆生龟类，如四爪陆龟）、农业农村部（水生龟类，如斑点池龟）批准颁发。

国家二级保护野生动物及其产品，必须经省（自治区、直辖市）政府林业行政主管部门或其授权的单位批准。

取得《驯养繁殖许可证》的单位和个人未经批准，不得出售、利用其驯养繁殖的野生动物及其产品。也就是说，没有获得《野生动物经营许可证》，不得出售龟鳖动物。在养殖和销售过程中，如没有合法手续，无论是卖方还是买方，其购买或销售活动都缺少合法性，经济利益得不到保护。

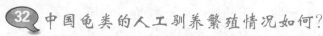

32 中国龟类的人工驯养繁殖情况如何？

中国龟类的人工驯养繁殖情况见表1-3。

表1-3　部分龟类年繁殖量统计

年繁殖量	龟种类名称
低于500只	四眼斑龟、平胸龟、木雕水龟、锯缘闭壳龟、地龟、窄桥龟、黄额闭壳龟、周氏闭壳龟、云南闭壳龟、金头闭壳龟、百色闭壳龟、潘氏闭壳龟、丽箱龟、三爪箱龟、锦箱龟、木纹龟、大鳄龟、红腿陆龟、黑靴陆龟等
501～5 000只	花斑图龟、希拉里蟾龟、星点水龟、苏卡达陆龟、白吻泽龟等
5 001～10 000只	菱斑龟、阿拉巴马伪龟、圆澳龟等
10 001～20 000只	亚洲巨龟、东部锦龟、斑点池龟、麝香动胸龟、剃刀龟等
20 001～30 000只	安南龟、黑颈乌龟、金钱龟等
30 001～50 000只	黄缘闭壳龟、蛇颈龟、佛州甜甜圈等
50 001～10万只	黄耳彩龟、西部锦龟、密西西比地图等
10.0001万～100万只以上	黄喉拟水龟、乌龟、中华花龟、蛇鳄龟、红耳彩龟等

注：表中数据截至2015年年底。

33 与龟类保护相关法律和公约有哪些？

随着人口的日益增多、人类经济活动的迅速发展等因素，使龟类资源日趋减少，有些种类已处于濒危，甚至有些种类尚未来得及被科学家发现和鉴定，就已经绝灭。据近10年的研究资料表明，人们对野生龟肆意滥捕和不合理开发利用，已导致有些种类数量急剧下降，如金钱龟、缅甸陆龟、眼斑龟和潘氏闭壳龟等龟种类已面临濒危现状。更令人痛心的是，某些龟种类正在或已走向灭亡，如云南闭壳龟、金头闭壳龟等种类，在中国大地上已难觅它们的踪迹。

野生动物的国际贸易和过度开发利用，已受到国际上的广泛关注。各个国家先后制定了一系列保护野生动物的条文规定和各项决议，从而有效地控制了野生动物国际贸易，防止过度的开发利用。

(1)《濒危野生动植物种国际贸易公约》 根据 1972 年联合国人类环境会议的决议，1973 年在华盛顿起草了《濒危野生动植物种国际贸易公约》(Convention on Internation Trade in Endangered Species of Wild Fauna and Flora，缩写为 CITES)，简称"濒危物种公约"，也称"华盛顿公约"。公约于 1975 年 7 月 1 日正式生效，现有 120 多个成员国。1984 年 4 月，中国正式加入《濒危野生动植物种国际贸易公约》(表 1-4)。

表 1-4 《濒危野生动植物种国际贸易公约》龟类动物名录

(2017 年 1 月 2 日起生效)

附录 I	附录 II	附录 III
龟鳖目 TESTUDINES		
两爪鳖科 Carettochelyidae		
	两爪鳖 *Carettochelys insculpta*	
蛇颈龟科 Chelide		
短颈龟 *Pseudemydura umbrina*	麦氏长颈龟 *Chelodina mccordi* (野外获利标本的出口限额为零)	
海龟科 Cheloniidae		
★海龟科所有种 Chelonii- idae spp.		

（续）

附录Ⅰ	附录Ⅱ	附录Ⅲ
鳄龟科 Chelydridae		
		大鳄龟 *Macroclemys temminckii*（美国）
泥龟科 Dermatemydidae		
	泥龟 *Dermatemys mawii*	
棱皮龟科 Dermatemydiae		
★棱皮龟 *Dermochelys coriacea*		
龟科 Emydidae		
牟氏水龟 *Glyptemys muhlenbergii* 箱龟 *Terrapene coahuila*	斑点水龟 *Clemmys guttat* 布氏拟龟 *Emydoiea blandingii* 木雕水龟 *Glyptemys insculpta* 菱斑龟 *Malaclemys terrapin* 箱龟属所有种 Terrapene spp. （除被列入附录Ⅰ的物种）	图龟属所有种 *Graptemys* spp.（美国）
地龟科 Geoemydidae		
马来潮龟 *Batagur affinis*	咸水龟 *Batagur borneoensis*	★艾氏拟水龟 *Mauremys iversoni*（中国）

（续）

附录Ⅰ	附录Ⅱ	附录Ⅲ
地龟科 Geoemydidae		
潮龟	三棱潮龟	★大头乌龟
Batagur baska	*Batagur dhongoka*	*Mauremys megalocephala*
黑池龟	红冠潮龟	（中国）
Geoclemys hamiltonii	*Batagur kachuga*	腊戌拟水龟
三脊棱龟	缅甸潮龟	*Mauremys pritchardi*（中
Melanochelys tricarinata	*Batagur trivittata*[7]	国）
眼斑沼龟	★闭壳龟属所有种	★乌龟
Morenia ocellata	*Cuora* spp.	*Mauremys reevesii* （中
印度泛棱背龟	（金头闭壳龟 *Cuoraaurocapi-*	国）
Pangshura tecta	*tata*、黄缘闭壳龟 *C. flavom-*	★花龟
	arginata、 黄 额 闭 壳 龟	*Mauremys sinensis* （中
	C. galbinifrons、百色闭壳龟	国）
	C. mccordi、锯 缘 闭 壳 龟	★缺颌花龟
	C. mouhotii、潘 氏 闭 壳 龟	*Ocaclia glyphistoma* （中
	C. pani、三 线 闭 壳 龟	国）
	C. trifasciata、云 南 闭 壳 龟	★费氏花龟
	C. yunnanensis 和周氏闭壳龟	*Ocadia philippeni* （中
	C. zhoui 野外获得标本以商	国）
	业为目的贸易限额为零）	★拟眼斑水龟
	★摄龟属所有种	*Sacalia pesudocellata*（中
	Cyclemys spp.	国）
	日本地龟	
	Geoemyda japonica	
	★地龟	
	Geoemyda spengleri	
	冠背草龟	
	Hardella thurjii	
	庙龟	
	Heosemys annandalii	
	扁东方龟	
	Heosemys depressa	
	大东方龟	
	Heosemys grandis	
	锯缘东方龟	
	Heosemys spinosa	
	苏拉威西地龟	
	Leucocephalon yuwonoi	

（续）

附录Ⅰ	附录Ⅱ	附录Ⅲ

地龟科 Geoemydidae

附录Ⅰ	附录Ⅱ	附录Ⅲ
	大头马来龟 *Malayemys macrocephala* 马来龟 *Malayemys subtrijuga* 安南龟 *Mauremys annamensis* 日本拟水龟 *Mauremys japonica* ★黄喉拟水龟 *Mauremys mutica* ★黑颈乌龟 *Mauremys nigricans* 黑山龟 *Melanochelys trijuge* 印度沼龟 *Morenia petersi* 果龟 *Notochetys platynota* 巨龟 *Orlitia borneensis* 泛棱背龟属所有种 Pang-shura spp.（除被列入附录Ⅰ的物种） ★眼斑水龟 *Sacalia bealei* ★四眼斑水龟 *Sacalia quadriocellata* 粗颈龟 *Siebenrockiella crassicollis* 雷岛粗颈龟 *Siebenrockiella leytensts* 蔗林龟 *Vijayachelys silvatica*	

平胸龟科 Platysternidae

附录Ⅰ	附录Ⅱ	附录Ⅲ
★平胸龟科所有种 Platysternidae spp.		

（续）

附录Ⅰ	附录Ⅱ	附录Ⅲ
倾颈龟科 Podocnemididae		
	马达加斯加大头侧颈龟 *Erymnochelys madagascariensis* 亚马孙大头侧颈龟 *Peltocephalus dumerilianus* 南美侧颈龟属所有种 *Podocnemis* spp.	
陆龟科 Testudinidae		
辐纹陆龟 *Astrochelys radiata* 马达加斯加陆龟 *Astrochelys yniphora* 象龟 *Chelonoidis nigra* 缅甸星龟 *Geochelone platynota* 黄缘沙龟 *Gopherus flavomarginatus* 几何沙龟 *Psammobates geometricus* 马达加斯加蛛网龟 *Pyxis arachnoides* 扁尾蛛网龟 *Pyxis planicauda* 埃及陆龟 *Testudo kleinmanni*	★陆龟科所有种 Testudinidae spp.（除被列入附录Ⅰ物种；中非陆龟 *Geochelone sulcata* 野外获得标本的商业性出口限额为零）	
鳖科 Trionychidae		
刺鳖深色亚种 *Apalone spinifera atra* 小头鳖 *Chitra chitra* 缅甸小头鳖 *Chitra vandijki* 恒河鳖 *Nilssonia gangeticus*	亚洲鳖 *Amyda cartilaginea* 小头鳖属所有种 Chitra spp.（除被列入附录Ⅰ的种类） 马来鳖 *Dogania subplana* 斯里兰卡缘板鳖 *Lissemys ceylonensis*	

（续）

附录 I	附录 II	附录 III
鳖　科 Trionychidae		
宏鳖 *Nilssonia hurum* 黑鳖 *Nilssonia nigricans*	缘板鳖 *Lissemys punctata* 缅甸缘板鳖 *Lissemys scutata* 孔雀鳖 *Nilssonia formosa* 莱氏鳖 *Nilssonia leithii* ★山瑞鳖 *Palea steindachneri* ★鼋属所有种 *Pelochelys* spp. ★砂鳖 *Pelodiscus axenaria* ★东北鳖 *Pelodiscus maackii* ★小鳖 *Pelodiscus parviformis* ★斑鳖 *Rafetus swinhoei*	

注：★表示中国有分布。

(2)《中国野生动物保护法》　中国是世界上野生动物种类最多的国家之一，保护生物多样性，保护野生动物，是我们的责任和义务。1988年11月，第七届全国人大常务委员会第四次会议通过了《中国野生动物保护法》，不久，又颁布了与之相配套的《国家重点保护野生动物名录》。名录中有12种动物被列为国家一、二级保护动物（表1-5）。

表1-5　《中国野生动物保护法》中龟鳖类动物名录

序号	中文名	拉丁名	等级
1	地龟	*Geoemyda spengleri*	II
2	三线闭壳龟（金钱龟）	*Cuora trifasciata*	II

（续）

序号	中文名	拉丁名	等级
3	凹甲陆龟	*Manouria impressa*	II
4	云南闭壳龟	*Cuora yunnanensis*	II
5	四爪陆龟	*Testudo horsfieldii*	I
6	蠵龟	*Caretta caretta*	II
7	海龟	*Chelonia mydas*	II
8	玳瑁	*Eretmochelys imbricata*	II
9	丽龟	*Lepidochelys olivacea*	II
10	棱皮龟	*Dermochelys coriacea*	II
11	鼋	*Pelochelys bibrom*	I
12	山瑞鳖	*Palea steindachneri*	II

* 表中中文名和拉丁名为原著中的表述。

（3）《中国濒危动物红皮书》 国家环保局在发起编写《中国濒危植物红皮书》之后，又发起编写和资助《中国濒危动物红皮书》。该书 1998 年由科学出版社出版发行。

《中国濒危动物红皮书》由汪松研究员主编。全书分为四卷，即兽类、鸟类、两栖和爬行类、鱼类。其中，两栖和爬行类一卷由赵尔宓研究员主编。濒危动物红皮书是红色资料的意思，是通过发表这些物种濒危现状，引起社会公众的关注（表 1-6）。

表 1-6　《中国濒危动物红皮书》中龟类濒危等级名录*

序号	中文名	拉丁名	濒危等级
1	平胸龟	*Platysternon megacephalum*	濒危
2	大头乌龟	*Chinemys megalocephala*	濒危
3	乌龟	*Chinemys reevesii*	依赖保护
4	黑颈乌龟	*Chinemys nigricans*	濒危
5	眼斑龟	*Sacalia bealei*	濒危

（续）

序号	中文名	拉丁名	濒危等级
6	拟眼斑龟	*Sacalia pseudocellata*	数据缺乏
7	四眼斑龟	*Sacalia quadriocellata*	濒危
8	黄喉拟水龟	*Mauremys mutica*	濒危
9	艾氏拟水龟	*Mauremys iversoni*	数据缺乏
10	周氏闭壳龟	*Cuora zhoui*	数据缺乏
11	百色闭壳龟	*Cuora mccordi*	数据缺乏
12	金钱龟	*Cuora trifasciata*	极危
13	金头闭壳龟	*Cuora aurocapitata*	极危
14	云南闭壳龟	*Cuora yunnanensis*	野生绝灭
15	潘氏闭壳龟	*Cuora pani*	极危
16	中华花龟	*Ocadia sinensis*	濒危
17	菲氏花龟	*Ocadia philippeni*	数据缺乏
18	缺颌花龟	*Ocadia glyphistoma*	数据缺乏
19	黄缘闭壳龟	*Cuora flavomarginata*	濒危
20	黄额闭壳龟	*Cuora galbinifrons*	濒危
21	锯缘闭壳龟	*Cuora mouhotii*	濒危
22	齿缘龟	*Cyclemys dentata*	濒危
23	地龟	*Geoemyda spengler*	濒危
24	缅甸陆龟	*Indotestudo elongata*	濒危
25	凹甲陆龟	*Manouria impressa*	濒危
26	四爪陆龟	*Testudo horsfieldii*	极危
27	海龟	*Chelonia mydas*	极危
28	丽龟	*Lepidochelys olivacea*	极危
29	蠵龟	*Caretta caretta*	濒危
30	玳瑁	*Eretmochelys imbricata*	极危
31	棱皮龟	*Dermochelys coriacea*	极危

* 表中中文名和拉丁名为原著中的表述。

(4)《国家保护的有益的或者有重要经济、科学研究价值的陆生野生动物名录》 自1989年《野生动物保护法》实施以来，我国一大批珍贵、濒危野生动物得到有效保护，但随着经济飞速发展，对野生动物资源需求量增大，栖息地急剧减少，许多原来不濒危的野生动物又面临着极大威胁。国家林业局组织各方面专家，经过多次论证提出了现阶段迫切需要加强管理的野生动物种类。于2000年8月1日，国家林业局依法发布了《国家保护的有益的或者有重要经济、科学研究价值的陆生野生动物名录》（简称《三有名录》）。这是我国依法保护管理野生动物资源的又一重要基础性法规。它的颁布使我国法定保护的野生动物种类得以全面明确，并依法采取保护管理措施。

《国家保护的有益的或者有重要经济、科学研究价值的陆生野生动物名录》中，将中国现存31种龟均收入（《国家重点保护野生动物名录》中已列为保护的种类除外）。

34 陆龟类的保护现状如何？

陆龟体色丰富，其中以淡黄色居多，一些种类有黑褐色放射状或蜘蛛网斑纹。幼龟姿态逗人，温和憨厚；成龟高大威猛、憨态诱人，深受人们喜爱，已成为继鸟、鱼之后的新兴观赏动物。因此，陆龟的需求量逐年增多，引起野外资源匮乏，陆龟野生资源濒临枯竭，绝大多数种类已处于（极度）濒危或濒临灭绝的境地。65种陆龟全部被列入《国际濒危动植物种贸易公约（CITES）》附录Ⅰ和附录Ⅱ，受到严格管理和保护。我国有分布的四爪陆龟是CITES公约附录Ⅰ物种，并在我国新疆伊犁建立了四爪陆龟保护区；其余两种（缅甸陆龟和凹甲陆龟）均属于CITES公约附录Ⅱ物种。

二、龟类综述

35 什么是龟类动物？

说起龟类动物，大家很容易将它们与其他动物区别开来，因为龟类动物身驮与众不同的硬甲壳。在我国古代，龟被看作是天降的四大灵物之一，即龙凤麟龟。其实，龟类与恐龙是同时代的古老爬行动物。它历经2亿多年的演化，是目前幸存下来的少数几支的爬行动物之一，故有"活化石"之称。

龟类是爬行动物中最为奇特的一支，身体结构与其他类群截然不同。2008年在贵州省天岭发现一具体长超过2米具有牙齿和只有腹甲的原始龟类化石。经中国科学院与美国、英国、加拿大等四国专家研究命名为"中国始喙龟"。

中国始喙龟，是最早的有喙龟类，它集多种原始特征、进化特征和过渡特征于一身，显示了龟类演化初期的高度复杂性。

从动物学的角度来说：在动物界中，龟类属于爬行纲、龟鳖目。因而，它们首先具有爬行纲动物的特征。体表有表皮层转化的角质鳞，保护身体，在干旱地区能免于体液过度蒸发的危险；卵有丰富卵黄，胚胎在充满羊水的羊膜空间内发育；完全用肺呼吸，进行气体交换。除此以外，龟类动物的体躯短阔，身披坚硬甲壳，背甲和腹甲以甲桥或韧带在两侧连接；肢体大部分在甲壳内，大多数种类的头、尾、四肢皆可收缩纳入甲壳中；泄殖孔圆形或成星状裂口，绝不纵裂；有单枚交接器；体内受精，卵生，卵外有壳。以上是龟类动物的必要特征，也就是说，只有具备以上特点的动物才是龟类动物。

在自然界，生活着各种各样的龟类动物，除天上以外，地下、湖泊、江河、海洋、沼泽中到处都有它们活跃的身影。有的龟类体色娇艳，有的龟类朴实无华，有的龟类硕大笨拙，有的龟类善斗凶猛。总之，每一种龟类都在生态系统的位置上扮演着不同的角色。

36 龟类祖先源于何时？

龟是一支古老、特化、原始的爬行动物。在人类出现前，它们就在地球上繁衍生息。关于它的"身世"，考古学家、古生物学家已初步探明它的来龙去脉。

我们知道，地球在形成之初，是一个没有生命的世界，经历约10多亿年的进化，于35亿年前的海洋最早产生了生命。当今地球上现存的500万～1 000万种动物，都是过去绝灭种类的后代，都起源于共同的祖先。大约在3亿年前的古生代石炭纪，有一种迷齿两栖动物登上了陆地，逐渐进化产生了适应陆地环境的爬行动物。大约在古生代二叠纪晚期，在爬行动物尚处于进化的初期阶段，龟类就从这类动物中的某一物种衍生分化出一支具有坚硬甲壳的爬行类动物。据最新研究结果表明，半甲齿龟是龟类祖先，它的化石形成于2.2亿年前。半甲齿龟起源于水环境，它的腹甲形成早于背甲。

37 龟与鳖有何区别？

龟具甲壳坚硬，吻短；鳖有革质性皮肤，背甲后缘有柔软裙边（个别种类没有），壳表面较光滑，吻突较长呈管状。

38 中国龟类有多少种？

龟类在物种繁多的动物界中，不仅具有一定的特殊性，还具有重要的经济价值，与人类生活有着密切联系。世界现生的龟类动物包括侧颈龟亚目（Pleurodira）和曲颈龟亚目（Cryptodira）两大类群，共计有14科330种。在动物演化树中，龟自成一支，是相当特别、特化的动物。现存的龟类动物分为两大截然不同的类群——

侧颈龟类和曲颈龟类（又称为潜颈龟类、隐颈龟类）。

　　侧颈龟类是较原始的一支龟类动物，出现于白垩纪。曲颈龟类最早见于侏罗纪末期，是演化过程中最成功且种类最多的一支龟类动物，海龟类、陆龟类、淡水龟类的都是它的成员。中国龟鳖现存6科18属36种，其中，中国龟类隶属种类14属29种。中国所有龟类物种多样性位列全世界的第五位，非海洋性龟类（淡水和陆栖龟）位列全世界的第三。

39 龟类生存的生态环境有哪些？

　　龟类有4种不同的生态类型，即陆栖龟类、水栖龟类、半水栖龟类和海栖龟类。依据龟四肢的形状，可以鉴别龟的生态类型。

　　陆栖龟类后肢呈圆柱形，爪间无蹼，皮肤粗糙，四肢上鳞片较大；淡水水栖龟类后肢脚掌较扁平，爪间具有丰富的蹼，皮肤细腻，四肢上鳞片较小；半水栖龟类爪间仅有半蹼，四肢上鳞片适中；海栖龟类四肢呈桨状。

　　在自然界一定范围或区域内，生活着一群互相依存的生物，它们和自然环境一起组成一个生态系统。龟类动物拥有甲壳和龟缩特殊防御能力，具有存活于地球达3亿年以上的历史。从龟类的生活环境来看，它们生存于各种不同的自然环境，也适应于广泛的生态系统。现存的龟类动物生活于除天空以外的广阔区域，河流、湖泊、海洋、沙漠和森林等均有它们生活的身影。依照龟类动物的生活环境划分，龟类动物的生态环境可分为水栖类、半水栖类、陆栖类和海栖类4种。水栖类的生活环境以水域为主、但它们也经常上岸爬动、晒壳和休息，所以它们的生态环境是以水域为主、陆地为辅。水栖龟类成员均为龟类，包括侧颈龟亚目（Pleurodira）、鳄龟科（Chelydridae）、动胸龟科（Kinosternidae）、龟科（Emydidae）、地龟科（Geoemydidae）、平胸龟科（Platysternidae）和泥龟科（Dermatemydidae）。半水栖龟类和陆栖龟类都是一群不擅长游泳的龟类，它们仅能生活于浅水区域，水位超过背甲高度对其生命有威胁。陆栖龟类生活于陆地，也常到水里饮水和沐浴。半水栖龟类和陆栖龟类的生态环境是以陆地为主、浅水为辅。半水栖和陆栖龟类成员多数是龟科、地龟科中的成员，如地龟属（Geoemyda）、箱龟属（Terrapene）、闭壳龟属（Cuora），陆龟科（Testudinidae）成员都是陆栖类。海栖龟类是专门栖息于海洋的龟类，雄性海龟在出生后终其一生均不会再返回陆地上；雌性海龟仅于产卵季节上岸。海栖龟类包括海龟科（Cheloniidae）和棱皮龟科（Dermochelyidae）的成员。

40 水栖龟类与半水栖龟类有多少种？

水栖龟类是指一群生活于淡水域的龟类，湖泊、河流、沼泽、溪流等水域都有其踪迹。生活的区域水位较浅，通常不超过 20～40 厘米，水栖龟类是龟类中主要的群体。世界水栖龟类约 200 多种，其中，中国水栖龟类约 25 种。半水栖龟类是指生活于沼泽、溪流等浅水区域的龟，也包括生活于灌木丛林、低矮丘陵和森林的龟类。半水栖龟类常以陆栖生活为主，有些半水栖龟类也可长期生活于浅水区域，如红头扁龟、斑点水龟等种类，但这些龟类的蹼不发达，仅具半蹼。世界半水栖龟类约 20 多种，其中，中国半水栖龟类 4 种。

41 世界上有多少种陆龟？

世界上现存爬行动物纲龟鳖目约有 330 种，分布于除极地以外的区域。其中，水栖龟类有 250 多种，我国水栖龟类 17 种。陆龟是最为特殊的、有别于水生的鳖、淡水龟和海龟的一个重要类群，因其四肢形状颇似象腿而又被称为"象龟"。在分类学上，与其他龟鳖不同，所有陆龟统属于陆龟科（Testudinida），共计有 18 属 65 种，约占龟鳖目物种的 18%。陆龟分布范围也很广，涵盖了亚洲、非洲、美洲与欧洲大陆；生活环境从温带到热带，其中，包含了潮湿温暖的灌木林、热带雨林，甚至是干燥的荒漠草原和沙漠环境。依据陆龟的分布区域，通常将其分为岛屿型陆龟、欧洲型陆龟、美洲型陆龟、非洲型陆龟和亚洲型陆龟 5 种类型。

42 陆栖龟类有哪些外部形态特征？

陆龟四肢粗壮，后肢呈圆柱形或扁形；皮肤粗糙，头顶部和四肢有坚硬的鳞片。除扁陆龟外，其余陆龟均具有坚硬、厚实、高隆的甲壳。陆龟体型大小差异很大，大型陆龟背甲长可达 160 厘米，体重达 200 千克；小型陆龟背甲长度 12 厘米，体重 800 克。

43 陆栖龟类的生物学特性是什么？

多数陆龟喜暖怕寒，生活于热带的苏卡达陆龟等陆龟惧怕寒冷，但赫尔曼陆龟、缘翘陆龟、四爪陆龟等陆龟可以忍受 5℃ 左右的气温，通过冬眠避寒。大多数陆龟以植食性为主，有些种类也捕食昆虫、蠕虫和腐肉等。陆龟和其他龟鳖一样为卵生。产卵前挖洞穴，将卵埋于洞穴内，借助温度和湿度完成孵化。卵白色，硬壳，圆球形或椭圆形，似乒乓球大小，孵化期为 90～200 天。

44 中国市场上常见外来龟种类有哪些？

随着人们对龟鳖动物的观赏、食用、药用等需求，贸易量逐年增加。大约 60 多种外国龟类，陆续出现在国内大中城市的花鸟市场、农贸市场和大型超市等地。以下仅简略介绍 16 种常见种：

（1）红耳彩龟（*Trachemys scripta elegans*）　红耳彩龟常被称为巴西龟、红耳龟。一年四季均可见于宠物市场、水产市场等贸易市场。原产美国、墨西哥。主要特征：背甲以绿色为主，具黄色斑纹镶嵌其中（老年个体墨绿色或黑色），头侧具 1 对红色粗条纹；腹甲淡黄色，具不规则黑色斑纹。水栖，性情凶猛，杂食性，不惧寒冷，0℃ 环境下可自然冬眠。国内已大规模养殖，年繁殖量高达 800 万只左右。因其适应能力强、繁殖能力大，对本地物种具有侵害性。2001 年，已被列入全球 100 种最具威胁的外来物种名录。目前，长江、太湖、洪泽湖等河流、湖泊等水域已发现红耳彩龟踪迹，一些寺庙中被放生的动物也以红耳彩龟为主。这些因逃逸、放生、丢弃的红耳彩龟，对本地龟类及其他生物多样性具一定潜在危害性，因此，切忌随意丢弃、随意放生红耳彩龟。

（2）黄耳彩龟（*Trachemys scripta scripta*）　简称黄耳龟。原产美国。主要特征：头侧具黄色斑块，背甲绿色，具黄色细条纹；腹甲淡黄色，具黑色小圆点。黄耳彩龟生活习性与红耳彩龟相似。国内已大量养殖，年繁殖量 20 万～25 万只，养殖量不及红耳彩龟。

（3）蛇鳄龟（*Chelydra serpentina*）　别名小鳄龟、鳄龟。原产美国、墨西哥、哥伦比亚等中美洲、拉丁美洲国家。现存 3 个亚种。主要特征：头部上喙呈锋利钩形，头、四肢、尾不能缩入壳内，尾长，有鳞片。水栖，杂食性，不惧寒冷。国内已大量养殖，年繁殖量 20 万～25 万只。人们通常将产于佛罗里达的蛇鳄龟称为佛鳄龟，因其生长速度快、产卵多，颇受养殖户喜爱。

（4）安布闭壳龟（*Cuora amboinensis*）　又称安布龟、马来闭壳龟。原产柬埔寨、孟加拉、越南、老挝等东南亚国家。中国是否有分布，尚存争议。现存 4 个亚种，属 CITES 附录 Ⅱ 物种。主要特征：头顶褐色或深橄榄色，具黄色细条纹，延伸至颈部；腹甲每枚盾片上具黑色大斑点（有些个体无），背甲与腹甲可完全闭合。水栖，杂食性，畏寒冷。国内已繁殖，年繁殖在 1 万～3 万只。

（5）马来龟（*Malayemys subtrijuga*）　又名蜗牛龟。原产越南、柬埔寨、老挝和泰国，属 CITES 附录 Ⅱ 物种。主要特征：头部黑色，头顶有 V 形白色条纹、头侧、吻端具多条白色条纹，上喙∧形，背甲 3 条嵴棱明显。水栖，动物性食性，惧怕寒冷。国内有少量饲养，尚无繁殖；国外已批量养殖，并供应国内市场。

（6）大东方龟（*Heosemys grandis*）　又称亚洲巨龟、亚巨龟。原产柬埔寨、越南、马来西亚、老挝，属 CITES 附录 Ⅱ 物种。主要特征：头部布满橘红色碎斑点，上喙 W 形，背甲中央具明显嵴棱，后缘呈锯齿状，腹甲放射状斑纹。体型大，水栖，杂食性，惧寒冷。国内已饲养繁殖。

（7）庙龟（*Heosemys annandalii*）　常称之为山龟。原产越南、老挝、柬埔寨、泰国、马来西亚，属 CITES 附录 Ⅱ 物种。主要特征：头部黑色，头侧具黄色条纹或斑纹，上喙 W 形，背甲中央嵴棱明显，后缘锯齿状不明显（幼体明显）。水栖，杂食性，畏寒冷。国内无批量饲养繁殖，仅爱好者少量饲养。

（8）密西西比图龟（*Graptemys kohnii*）　　又称地图龟。原产美国。有 2 个亚种，属 CITES 附录Ⅲ。主要特征：头顶眼眶后具 Z 形斑纹，背甲淡棕色，斑纹似地图状，中央具凸起嵴棱（幼体），后缘呈锯齿状。水栖，杂食性，以动物性食物为主，不惧寒冷。国内已大量养殖，年繁殖量 3 万～5 万只。

（9）纳氏伪龟（*Pseudemys nelsoni*）　　又名红肚龟。因稚龟腹部呈淡红色，故名。原产美国。主要特征：头深绿色，头顶、侧部具淡黄色细条纹；背甲深绿色（幼体绿色鲜艳），夹杂黄绿色条纹；腹部淡红色（有的个体无淡红色）。水栖，杂食性，不惧寒冷。国内已养殖，年繁殖量 15 万只。

（10）锦龟（*Chrysemys picta*）　　又名东锦龟、西锦龟。有 3 个亚种。原产于美国、加拿大和墨西哥。主要特征：头部深橄榄色，具数条淡黄色纵条纹，背甲深灰色，接近深绿色；腹甲黄色，具黑色斑。水栖，杂食性，偏爱动物性食物，不惧寒冷。国内已饲养繁殖，年繁殖量 5 万只左右。

（11）麝动胸龟（*Sternotherus odoratum*）　　又称蛋龟。背甲外形呈椭圆形，似半个鸡蛋，故名。原产美国和加拿大。主要特征：体小，头黑色，较尖，头侧具淡黄色纵条纹，腹甲较小，具 11 枚盾片。小型龟类，水栖，杂食性，偏爱动物性食物，不惧怕寒冷。国内已繁殖，年繁殖量 5 000 只左右。

（12）剃刀动胸龟（*Sternotherus carinatum*）　　又称剃刀龟、刀背龟。因背甲似剃刀状，故名。主要特征：头部布满黑色小斑点；背甲中央高耸，两侧坡度陡峭，从前往后看，形成剃刀状，酷似三角形；无喉盾。小型龟类，水栖，动物性食性，不惧怕寒冷。国内已繁殖，繁殖量不及麝动胸龟。

（13）菱斑龟（*Malaclemys terrapin*）　　通常被称为钻纹龟。有 7 个亚种，原产美国。主要特征：头颈淡青色，具黑色小斑点，上喙∧形，背甲淡绿色，接近橄榄色，具黑色环形斑纹，中央嵴棱明显；腹甲淡黄色，有黑色斑点或斑纹。水栖，杂食性，不惧寒冷。国内人工繁殖已成功，年繁殖量约2万只左右。

（14）蛇颈龟（*Chelodina rugosa*）　原名西氏长颈龟，拉丁名为 *Chelodina siebenrocki*，现已作为 *Chelodina rugosa* 的同物异名。原产巴布亚新几内亚、澳大利亚等。主要特征：头扁，颈部长，几乎超过自身背甲长度，腹甲淡黄色。水栖，以动物性食物为主，不惧寒冷。国内已批量繁殖，并供应宠物市场。

（15）豹龟（*Geochelone pardalis*）　又名豹纹龟。原产刚果、安哥拉等非洲国家，属CITES附录Ⅱ物种。主要特征：背甲高隆，每块盾片布满黑白相间的豹纹，四肢粗壮，前肢具大块鳞片。陆栖，以各种瓜果蔬菜等植物为食，喜干燥温暖环境。国内仅少量繁殖，多数从国外进口。

（16）苏卡达陆龟（*Geochelone sulcata*）　简称苏卡达。原产马里、尼日利亚、苏丹等非洲国家，属CITES附录Ⅱ物种。主要特征：背甲隆起，中央无嵴棱，无颈盾；腹甲淡黄色；四肢具大鳞片，股部具2～3枚棘鳞。陆栖，以植物为食，喜温暖，惧寒。国内已批量繁殖，并供应宠物市场。

45 如何区别几种常见的观赏龟？

（1）黄喉拟水龟与乌龟的主要区别　背棱3条是两者共同点。背甲：前者棕色略扁；后者棕黄色为雌性、黑色为雄性。上颌：前者似兔唇；后者略钩曲。头顶部后面：前者光滑无鳞；后者有鳞。喉部：前者黄色，后者正常体色。

（2）黄缘闭壳龟与金头闭壳龟的主要区别　头部：前者橄榄黄，后者金黄色；前者眼后有柠檬黄弧纹，后者无。背部：前者中央1条脊棱呈浅黄色，后者有1条脊棱无黄色；前者缘盾下方黄色（黄缘），后者无。腹部：前者黑褐色；后者黄色。

（3）黄缘闭壳龟与黄额闭壳龟的主要区别　依据背甲缘盾是否有1圈黄缘来区别。黄缘闭壳龟背甲缘盾全呈金黄色，故名黄缘闭壳龟；而黄额闭壳龟的背甲缘盾等处有棕褐色的"辐射纹"。

（4）齿缘龟与锯缘闭壳龟的主要区别 背甲后缘：前者略呈锯齿状，侧缘上翘；后者明显呈锯齿状，不上翘。脊棱：前者1条；后者3条。背部：前者棕色；后者棕黄色。食性：前者贪食不挑嘴，动植物均食；后者喜肉食。习性：前者陆栖，山区；后者山区、小溪。

（5）锯缘闭壳龟与地龟的主要区别 锯缘闭壳龟的背甲后缘呈明显锯齿状，一般为8个锯齿，又名"八角龟"；地龟背甲前后缘呈深锯齿状，"前4后8"，共12只锯齿，故名"十二棱龟"。

（6）凹甲陆龟与地龟有什么不同 两者的明显区别是体型大小，头顶前部有没有大鳞。地龟体型小头顶部光滑无鳞；凹甲陆龟体型大背甲前后缘虽呈锯齿状，但上翘，地龟不上翘。

46 什么是闭壳龟类？与其他龟种的区别有哪些？

闭壳龟类是龟类中的特化类群。它们的腹甲中部以韧带相连，似铰链，能活动，死亡后韧带断裂，腹甲变成两段，所以，民间将闭壳龟称为"断板龟"。生活时，能根据自身需要张开或关闭。若遇到敌害时，立即将头、尾、四肢缩入甲壳内，腹甲与背甲相合，关闭甲壳，形成一个盒状结构。若受到蛇侵犯时，龟关闭甲壳，正好夹住蛇，直到蛇死亡，然后吃蛇。所以，民间将闭壳龟又称为"克蛇龟"和"夹蛇龟"。闭壳龟类有四大特点而区别于其他龟种：①背甲和腹甲间借韧带相连（其他龟类借骨缝相连），没有腋盾和胯盾；②腹甲前半部与后半部间借韧带相连（其他龟类借骨缝相连接）；③椎板短侧边朝后，肛盾2枚；④仅产于亚洲。以上四大特点是闭壳龟类必须满足的条件，缺一不可。如缺少任何一个条件，将是另外一种类型的龟类。

47 什么是动物白化现象？常见能发生色变的种类有哪些？

在正常动物体内，一些苯丙氨酸参与构成动物体的蛋白质，另一些苯丙氨酸则转化为酪氨酸，经过酪氨酸酶的作用最后形成黑色素。白化动物体内缺少酪氨酸酶，不能合成黑色素，形成了白化现象。有些色变类个体的眼睛虹膜是红色，有些是黑色。常见的色变种类有黄额闭壳龟（白化和黑化）、中华花龟（黄化）、蛇鳄龟（黄化）、缅甸陆龟（黄化）、红耳彩龟（白化）、越南金钱龟（黄化）和黄喉拟水龟（黄化）等。

48 什么是杂交龟？

杂交龟又称为杂种，是 2 个基因型不同个体（亲本）交配产生的后代。动物的杂交在自然界和人工驯养条件下均可发生，龟鳖类动物也不例外。100 多年前，蠵龟和玳瑁杂交的杂种龟就已经被人们发现。近 30 年，其他龟类的自然杂交现象也不断被发现。如黄额闭壳龟和锯缘闭壳龟杂交的后代（又称琼崖闭壳龟），已被证实是自然杂交的；最近，又新发现了地龟和锯缘闭壳龟在自然环境下的杂交后代；在我国台湾，也已发现中华花龟与乌龟在自然环境下的杂交后代。

49 如何正确认识杂交龟？

杂种优势，指具有不同遗传型的物种经过杂交，其后代的某些性状，如生长速度、生活力、繁殖率、抗逆性和产量等优于亲本的现象。简单地说，杂交后代具有亲本的优点。杂交优势一般表现在杂交后代生长速度和有机物质积累强度优于双亲；繁殖力比双亲强；进化优势上以生命力强、适应性广、有较强的抗逆力和竞争力为主。杂交优势通常在杂交第一代表现明显，从第二代起杂交优势明显下降。

杂交龟是除纯种龟以外的一个特殊群体，现国内已培育出 60 多个不同类型的杂交龟。一些杂交龟的子二代已繁殖获得成功，甚至杂交龟和纯种龟杂交、杂交龟和杂交龟再杂交的后代，都已繁殖出龟苗。乌龟和中华花龟杂交、乌龟和黑颈乌龟杂交、乌龟与黄喉拟水龟杂交、金钱龟和黄喉拟水龟杂交产生的杂交龟，已批量生产。

50 龟的品种与种如何区分？

"品种"与"种"常被人们忽视，类似"地龟品种、中国龟类有40余个品种"的说法常见于一些龟类科普书籍中。其实"品种"和"种"的含义截然不同。"种"是"物种"一词的简称，《辞海》中是这样解释的："具有一定的形态和生理特征以及一定的自然分布区的生物类群，是生物分类的基本单位。一个物种中的个体一般不与其他物种中的个体交配，或交配后一般不能产生有生殖能力的后代。"通俗地来讲，种是自然界的动物或植物在进化过程中自然选择的产物，而品种是经过人工选择且培育出来的产物。我们来看"品种"一词在《辞海》中的释文："具有一定的经济价值、遗传性比较一致的一种栽培植物或家养动物的群体。品种是经人类选择、培育而得，能适应一定的自然、栽培或饲养条件，在产量和品质上比较符合人类的要求。是一种农业生产资料。"龟类是一群古老的爬行动物，不同的龟种之间有明显的形态差异；不同龟种的分布范围不同，有的是特有种，有的是广布种；同一种个体间能自由交配，不同的龟种一般不能杂交（虽有不同龟种杂交的现象，但其产量和品质不能符合人类的要求）。龟类这些特征符合"物种"一词的定义，因此，我们在提到龟类或某一种龟名称时，不能将"品种"和"种"相混淆，如"中国现存40余个龟类品种"应说成"中国现存40余种龟类"。

51 龟类鉴别的方法有哪些？

（1）运用龟类外部结构特征鉴别　依据四肢的形状，可以鉴别出该龟的生活类型。

若后肢呈圆柱形，爪与爪之间有蹼，皮肤粗糙，四肢上鳞片较大，则为陆栖龟类；若后肢脚掌较扁平，爪与爪之间具有丰富的蹼，皮肤细，四肢上的鳞片较小，则为淡水水栖龟类；若爪与爪间仅有半蹼，则为半水栖龟类；若四肢扁平，小腿部具褶皱，趾、指间具丰富的蹼，则为鳖类；若四肢呈桨状，则是海栖龟类。

龟类按照颈部的伸缩方向，可分为侧颈龟类和曲颈龟类。若龟的颈部不能缩入壳内，只能水平伸缩，且颈部侧向体侧的腋窝中，则为侧颈龟类；若龟的颈部能呈 S 形缩入壳内，则为曲颈龟类。

依据以上步骤，基本可以确定待鉴别的动物是侧颈龟类还是曲颈龟类，是淡水龟还是海龟。若是淡水龟类，通过龟壳上是否有韧带组织，可以进一步确定龟的类别。若龟的背甲与腹甲间有韧带组织，则是闭壳龟类、摄龟类，若无则是其他龟类。

除此以外，通过龟尾部的长短，也可初步确定淡水龟的种类。通常，淡水龟类的尾较短，且无大型鳞片覆盖，仅有蛇鳄龟、大鳄龟、平胸龟 3 种龟的尾非常长（有的甚至超过自身背甲的长度）。若龟尾部较长，且表面覆有大块鳞片，尾背部中央有 1 排突起硬嵴，则为大鳄龟；若尾部背部中央有 3 排突起硬嵴，则为蛇鳄龟；若尾部背部中央无突起硬嵴，则为平胸龟。尾较短，表面无鳞片，则为水栖龟类。若尾部较短，且尾末端具一鳞片，则为陆栖龟类。

依照上述步骤，可以初步鉴定龟属于哪一大类、哪一种生活类型，如果需要详细鉴定龟类的种类，则需要参照龟类动物检索表，对照龟类分类图谱进行鉴定。

（2）运用检索表鉴别　检索表是鉴定动植物种类的重要工具资料之一。通过查阅检索表，可以初步确定某一动植物的科、属、种名。在《动植物志》《动植物手册》和《动物志分类图鉴》等书籍中均有动植物的分科、分属及分种检索表。因此，运用动植物检索表来鉴别动植物，是提高识别科、属、种能力的最有效方法。龟类动物也有检索表，部分亚目、科、属和种的检索表在《龟鳖分类图鉴》一书中能查阅到。查用检索表时，根据龟的特征与检索表上所记载的特征进行比较。如待鉴定龟的特征与记载相符合，则按项号逐次查阅，如其特征与检索表记载的某项号内容不符，则应查阅与该项相对应的一项，如此继续查对，便可检索出该标本的分类等级名称。如果只有科检索表，辨别种名时，可利用彩色图鉴等资料，查对种名。为了熟悉检索表用法，可先用一些自己认识的龟类动物去练习查找，反复实践，就可以熟练掌握检索表的用法。

52 龟类背甲的形状分为哪几类？

龟类背甲的形状，大致可分为以下六类：

（1）椭圆形 椭圆形只是龟类背甲中最普遍的形状，也是最基本的形式。大多数水栖龟类、半水栖类都是椭圆形。它们游泳时，流线型的边缘，有助于减小水体的阻力，使游泳速度加快，如生活于淡水的乌龟、黄缘闭壳龟和马来西亚巨龟等。

（2）卵圆形 卵圆形是龟类中较常见的形状之一。这类形状仅为一部分侧颈龟类和海龟类，如西氏长颈龟、海龟和丽龟等。

（3）圆形 背甲近似圆形，少数陆龟和少数闭壳龟类拥有此体形，如安布闭壳龟、四爪陆龟等。

（4）锯齿形 背甲四周或前后缘布满锯齿状的刺，似1个圆形齿轮。这类形状的龟，有锯缘东方龟、地龟、锯缘闭壳龟和锯齿陆龟等。

（5）山峰形 背甲中央有多枚圆锥形状的突起，似一座座山峰。这类形状仅为龟类，如蛇鳄龟、玛塔蛇颈龟。山峰形是背甲中最为特化的形状之一，形状与龟"鼻祖"原颚龟的背甲形状相似，这类龟性情都较凶猛。

（6）特殊形 有少数龟的背甲特化成特殊的形状。生活于陆地的扁陆龟，背甲近似长方形，中央扁平，似一块饼干，故又有"饼干龟"的别称。以龟中之王著称的棱皮龟，背甲前不呈半圆形，后部延长呈尖角状，似舢板形状，故又名"舢板龟"。几乎所有龟的背甲都向上隆起，形成圆形面包状。但产于亚洲南部的凹甲陆龟属的2位成员，它们的背甲有着众不同之处：每一块盾片中央均向内凹陷。

龟类具有各种各样的背甲，是长期适应自然界各种环境的必然结果。

53 龟类的体色斑纹有什么生物学意义？

龟体色呈现出不同的颜色和斑纹，对其生存有着重要的生物学意义。其中，最为显著的作用是隐蔽自己，使之有效规避危险。这种现象是拟态的一种，即模拟环境物。生活于陆地上，背甲颜色和斑纹与豹子相同而得名的豹龟，背甲颜色为淡黄色，花纹为黑褐色，在野外的山地、荒草中，远远看见它，犹如一堆杂草。妇幼皆知的乌龟，其背甲呈棕黑色，当它伏在水底休息，趴伏在岸边晒壳时，宛如一块石头。

54 如何鉴别雌龟和雄龟？

龟类雄性的生殖系统由精巢、输精管和阴茎等器官组成；雌性的生殖系统则由卵巢、输卵管及阴蒂等器官构成。从外表鉴别，以乌龟为例，雄性乌龟个体较小，体色较黑，有一股狐臭味，腹甲中间略凹，尾巴基部粗而长，泄殖腔孔位于背甲后部边缘之外；雌性龟的个体较大，体色多为棕黄色有光泽，腹甲平坦，尾巴基部较细且短，泄殖腔孔位于背甲后部边缘之内。龟类种类较多，它们的生活地域、环境各有差异，使龟类的生活习性和形态特征呈现多样化。因此，判定龟类性别须从多方面特征入手，结合龟种综合考虑（表2-1）。

表2-1　常见龟雌雄的鉴别

种　类	雌　龟	雄　龟
黄喉拟水龟	背甲宽短；腹甲平坦；尾短	背甲较长；腹甲凹陷，个体大者比较明显；尾短
四眼斑龟	头顶部棕色；眼斑黄色，中央有一黑点，每1对眼斑前小后大，周围有灰色暗环；颈背部的3条粗纵条纹和颈腹部的数条纹均为黄色	头顶部深橄榄色；眼部淡橄榄绿色，中央有1黑点，每1对眼斑周围有白环；颈背部有3条黄色粗纵条纹和数条黄色纵纹；颈基部有橘红色条纹；前肢和颈腹部有橘红色斑点
平胸龟	腹甲中央平坦；体较宽；肛孔距腹甲后缘较近，距尾基部1.5厘米	腹甲长，中央略凹；尾较粗；泄殖腔孔距腹甲后缘较远，距尾基部2.6厘米

（续）

种　　类	雌　　龟	雄　　龟
地龟	腹甲平坦；尾短；泄殖腔孔距腹甲后缘较近	腹甲中央凹陷；尾长且短；泄殖腔孔距腹甲后缘较远
金钱龟	腹甲的2块肛盾缺刻浅；尾细且短，尾基部细；肛孔距腹甲后缘较近；背甲较宽	腹甲的2块肛盾缺刻深；尾粗且长，尾基部粗；肛孔距腹甲后缘较远；背甲较窄
周氏闭壳龟	尾短；泄殖腔孔距腹甲后缘较近	尾长；泄殖腔孔距腹甲后缘较远
黄缘闭壳龟	背部隆起较低，顶部钝；腹甲后缘略呈半圆形；尾粗短；泄殖腔孔距尾基部较近	背部隆起较高，顶部尖；腹甲后缘略尖；尾长；泄殖腔孔距尾基部较远
缅甸陆龟	腹甲中央平坦，无凹陷；尾短；泄殖腔孔距腹甲后部边缘较近	腹甲中央凹陷；尾长且粗壮；泄殖腔孔距腹甲后部边缘较远
凹甲陆龟	背甲宽短；尾不超过背甲边缘或超出很少；肛孔距腹甲后部边缘较近	背甲较长且窄；肛孔距腹甲后部边缘较远
四爪陆龟	颈盾较细；尾短；尾柄粗；体长比体宽大20厘米	无颈盾或颈盾极细小；尾细长；尾端角质突明显
红耳彩龟	腹甲平坦；泄殖腔孔在背甲后部边缘内	四肢的爪较长；尾较长；泄殖腔孔在背甲后部边缘之外的尾部
马来西亚巨龟	体宽短；尾细长；泄殖腔孔距腹甲后缘较近	体较长；尾粗长；泄殖腔孔距腹甲后缘较远
安布闭壳龟	腹甲平坦，不凹陷；尾较短	腹甲前部窄于后部，中部明显凹陷（幼龟除外）；尾部长而粗
蛇鳄龟	尾短，尾长小于腹甲长的86%	体大尾长，尾长度是腹甲长度的86%；泄殖腔孔位于背甲边缘的后部
三线黑龟	腹甲平坦；尾短而细；泄殖腔孔距腹甲后部边缘较近	腹甲凹陷；尾长而粗；泄殖腔孔距腹甲后部边缘较远

（续）

种 类	雌 龟	雄 龟
印度棱背龟	体形较大；尾短而细；肛孔在背甲后部边缘之内	体形偏小；尾长而粗；肛孔在背甲后部边缘之外
彩龟	头顶部橄榄色；泄殖腔孔距腹甲后缘较近	在非生殖季节，头顶部炭灰色，生殖季节为白色；尾部长；泄殖腔孔距腹甲后缘较远；自吻至头顶后部有 1 条红色或橘红色的粗条纹
果龟	腹甲中央平坦，无凹陷；肛孔距腹甲边缘较近，一般不超过腹甲边缘	腹甲中央凹陷明显；肛孔距腹甲边缘较远
放射陆龟	体大；尾部无凹槽；喉盾不突出，且平	尾部细长；腹面有 V 形凹槽；喉盾较突出
印度陆龟	腹甲平坦；尾短；肛孔距腹甲后缘较近	腹甲凹陷；尾长；肛孔距腹甲后缘较远
乌龟	体较大；躯干短而厚；背甲黄褐色；尾粗短，基部细小	体较小；躯干长而薄；背甲黑色；尾细长，基部粗大，内含交接器

　　雌雄龟在外形、体色上虽存在一些差异，但鉴定龟的性别，通常以泄殖腔孔与腹甲后部边缘的距离远近进行判断。海栖龟类中雄海龟尾巴比雌性的长；半水栖龟雄性个体小、爪长，雄性也可能后腿上有锯齿状鳞片。龟的腹甲形态也能显示出两性的差异，雄性的腹甲凹陷，而雌性平坦。雄性的泄殖腔孔在腹甲后部边缘之外；雌性的泄殖腔孔在腹甲后部边缘之内。

55 龟类年龄应如何测算？

　　日常，各种媒体经常报道某地发现百年老龟，某处捉到千年灵龟，其实这些都是根据龟的体型大小或仅仅凭个人意愿推测。然而，目前学术界尚无准确判定龟年龄的方法。以前计算龟的年龄是依据计算树龄和鱼龄的方法，即以树剖面的同心环纹多少、鱼鳞上的同心环纹多少来计算的。因此，前人一直按龟背甲盾片上同心环纹的数量来计算龟的年龄。具体计算方法为：以盾片上同心环纹的圈数加上1（本身出生是1年），就是这只龟的年龄。经多年实践认为，这种方法存在不妥之处：

（1）加温饲养的龟，生长速度快，盾片上的同心环纹也在增多。1～2年的龟，其同心环纹已经有5～7圈。

（2）龟壳上有各种大大小小的盾片计38～40块，每块盾片上的同心环纹数目不尽相同，以哪块为准？

（3）水栖龟类长期生活在水中，水流冲刷，有的已经光滑或模糊，难以鉴别。有些人以龟的体重来计算龟的年龄，这种计算方法也是不妥的。因为各种龟的生长速度快慢不一，生长地区与环境多样，同龄龟之间体重的差异也很大。

如何计算龟的年龄，应从龟种、生长地区环境以及体重等多方面考虑，最后也只能得出一个参考年龄。想正确、精准地测出龟的年龄，还需进一步从生理学的相关参数中寻找途径。

56 龟类繁殖习性如何？

龟类繁殖习性，包括交配、产卵和孵化等。龟是卵生动物，即依赖产卵繁殖后代。因地域、气候、温度、环境和种类等因素不同，龟类繁殖时间、交配方式、地点及季节存在差异。以苏卡达陆龟为例，在海南省，苏卡达陆龟一年四季均有交配现象，1～3月产卵。

各种龟的交配模式基本相同，雄龟经常向雌龟发出强烈的信号，并追逐雌龟，追到后反复咬雌龟的前腿或爬到雌龟背甲上伸出头颈咬雌龟或阻止雌龟前进，直到雌龟不动时雄龟爬上雌龟背甲上交配。交配时间为10～20分钟。不同生活类型、不同种类的龟，其交配前的行为却不同。水栖龟类交配在水中进行。如纳氏伪龟交配前，雄龟在雌龟前方或后方游动，阻止雌龟前进。同样是水栖龟类的红耳彩龟，雄龟交配前在雌龟前方不停地抖动双臂，向雌龟发出求爱信号，若雌龟躲避，雄龟则紧追不舍；直到雌龟不动时，雄龟绕到雌龟后部，爬上雌龟背甲，前爪钩住雌龟背甲前缘进行交配。有些水栖龟类交配时，雄龟身体后仰于水中，前肢伸直，后肢钩住雌龟后肢窝。

大多数陆龟交配前均有撞击、追逐和爬胯雌龟现象，有的甚至将雌龟顶翻，使其腹甲朝上。

龟类可当年交配，当年产卵或隔年产卵。产卵时间因地域不同而存在差异，热带的龟类可常年产卵；四季分明的地域，每年5～10月产卵。每只龟每年能产1～3次卵，每次产卵1～200枚不等（海龟每次产卵可达百枚）。龟的卵有多种形状，陆栖龟类、海栖龟类和部分淡水栖龟的卵呈圆球形；大多数水栖龟类、半水栖龟类的卵呈长椭圆形、短椭圆形；龟有产畸形卵现象。海栖龟类的卵外壳似羊皮状，具有韧性；乌龟、黄喉拟水龟等种类的卵均具有白色钙质壳，坚硬，无韧性；红耳彩龟、锦龟等一些种类的卵具白色钙质壳，有韧性。卵的大小与龟体重有关，体重4千克左右的大东方龟，卵重48克左右，长62毫米、宽38毫米。通常，龟卵长径30～65毫米、短径20～40毫米，卵重5～80克。

龟类均将卵产于湿润的陆地上，但有些龟因不熟悉新的环境或受到惊吓而将卵直接产于水中。现以乌龟为例介绍龟的产卵行为：产卵季节，雌龟爬上岸边四处爬动，以寻找一块满意的产卵地，若不满意，则不产卵，第二天或隔几天后再上岸寻找。产卵前，雌龟用后肢轮番挖掘泥土，若土较坚硬，则排尿后再挖。洞穴通常呈锅底状，口大底小。龟将尾对着洞口，头颈伸长，嘴微张，将卵产于洞中；产卵过程时，为防止卵破裂，龟用后肢掌部托住卵，使卵缓缓落入洞穴中。每产完1枚卵后，即用后肢往洞穴中扒少许土，然后再产第2枚，如此反复。卵全部产完后，雌龟反复用后肢轮番扒土填盖，最后用腹甲将土压平、压实后离开。部分种类产卵前不挖洞穴，将卵产于乱草堆下，如凹甲陆龟等种类。龟类没有守巢习性，卵凭借自然界的光照、雨水而产生的温度、湿度等条件，经过50～125天以上的孵化，有些卵可经过冬眠后才出壳。

有些种类的雌龟产卵前有产卵征兆，产卵前雌龟突然停食，但又没有患病症状。有些雌龟产卵前不仅停食，而且有扒洞的习性，洞穴扒好龟并不产卵，如此状况前前后后持续 20 多天。

57 龟类防御习性如何？

龟是自然界众多生灵中一支与众不同的类群，"龟缩"是龟类最基本的防御手段，虽然消极，但却是行之有效的御敌之道。除此之外，释放异味、尾部抽打、排尿和拟态也都是龟类的防身之术。

（1）龟缩　龟类最基本的防御方式是"龟缩"。龟的身体被坚硬甲壳所包围，头、四肢、尾均能缩入壳内得以保护，这就是"龟缩"。按龟缩程度的大小，龟缩方式分为半龟缩和完全龟缩两种类型：

①半龟缩：多数龟类的背甲与腹甲间借甲桥相连，腹甲上没有或仅有少量韧带，背甲与腹甲间不能闭壳。具有半龟缩功能的龟，虽然也能将头、尾、四肢缩入壳内，但其头部的最前端、四肢的小腿部和掌部仍能被触摸到。大多数龟类都是以半龟缩的方式来抵御敌害。因此，半龟缩是龟缩中最基本的方式。

②完全龟缩：在淡水栖龟类有一些特殊的龟类，它们的背甲与腹甲间、腹甲的胸盾和腹盾间的连接，不是像众多水栖龟类那样依靠骨缝相连，而是依赖韧带。韧带似铰链状，能使龟的背甲与腹甲自由张开或关闭，当龟头、尾、四肢缩入壳内时，背甲与腹甲间的距离拉近，上下壳间完全封闭起来，不留任何一点皮肉和缝隙，背甲和腹甲形成了一个整体。人们把这种特殊的龟缩方式称为"闭壳"。具有闭壳功能的种类较多，除分布于亚洲的闭壳龟属中的几位成员外，在美洲也有 5 种能闭壳的龟，统称为"箱龟"；生活于亚洲南部的黄缘闭壳龟和黄额闭壳龟，也具有全封闭龟缩功能。除此以外，侧颈龟类的少数成员也具有"闭壳"的功能，如生活于非洲的非洲侧颈龟属的成员。"闭壳"是"龟缩"中一种特殊的方式。

（2）释放异味　动胸龟科的龟类，一旦受惊或遇险时，皮肤上的麝香腺体立即释放出麝香味。雌性眼斑龟身上有一股狐臊味，成熟的雄性乌龟能释放出难闻的腥臭味，使敌害不知是何物而放弃逃走。

（3）尾部抽打 少数龟类运用的防御手段。平胸龟、蛇鳄龟和大鳄龟的尾部较长，有的甚至超过自身背甲长度。尾上具有突起且坚硬的鳞片，当它们遇到体型较小的敌害时，常常用尾部抽打对方，并辅以嘴咬的方式来攻击。遇到体型大的对手时，它们也只能避让三分。

（4）排尿 这是大多数龟的又一种防御手段。龟类直肠两侧各有 1 只囊袋，即尿囊，日常都储满水。一旦受到惊吓，尤其是被拿起或翻身（腹甲朝上状）后，它立即从肛门（泄殖腔孔）排出尿液泼向对方，使对方措手不及而逃之夭夭。

（5）拟态 这是许多动物都拥有的防御手段之一。一部分龟同样也能利用自身色彩进行防御。在美国，性情凶猛的大鳄龟，游动在水中时，其棕褐色山峰似的背甲，似一块古老而腐烂的木头漂浮在水面，从而使自己不易被敌人发现。如果运气好，它还能通过拟态捕捉到食物而饱餐一顿。豹龟背甲无论是颜色还是斑纹，都很像兽类动物中的豹。如果它停留在土堆、杂草丛中，很难被猎物认出来。

58 龟类食性如何？

龟类的食性非常广泛，包含植物性（草食）、动物性（肉食）和杂食性。植物性食物包括各种瓜果、蔬菜、水草、树叶和一些陆生植物。陆栖龟类成员几乎都是植物性，少数种类为杂食性。动物性食物包括各种肉类、内脏、水生动物，但因生活环境等因素差异，各个种类食性有所不同。水栖龟类、半水栖龟类和底栖龟类家族食性较复杂，草食性、肉食性都有。一些龟食性兼具草食性和动物性，被称为杂食性。海龟类、水龟类中多数成员是杂食性，它们食谱广泛，几乎无所不食。相对于杂食性的龟类来看，有些龟类食性却很窄，水栖龟类马来西亚巨龟（*Malayemys subtrijuga*）食性最特殊，它仅食软体动物，尤其喜欢吃蜗牛，故其别称为蜗牛龟或食蜗龟。

龟类的食性虽然广泛，但具体到每一物种，其食性却不是绝对的，食性可随年龄、环境变化发生转变。特别是在人工饲养条件下，即使食物不合胃口，也只有捕食。如马来西亚巨龟可食猪肉；缅甸陆龟（Indotestudo elongata）可摄食煮熟的胡萝卜、甘薯和肉类等食物。有些种类在幼体时以植物为主要食物，到了成年以动物性为主，有的则为杂食性。

59 龟类摄食行为如何？

因生活环境各异，龟的摄食方式也千姿百态，各具特色。龟摄食以嗅觉为主、视觉为辅。摄食时，通常有觅食、衔、拽、吸和咽5个步骤，但也有一些种类将食物直接吞咽入肚，如蛇鳄龟、蛇颈龟等。龟类摄食的方式，可分为囫囵吞枣式、守株待兔式和细嚼慢咽式3种：

（1）囫囵吞枣式　龟类嗅到食物气味后，先将鼻孔靠近食物嗅一嗅、闻一闻，有的龟头部还上下反复点动。若气味适宜，则猛然咬一口，将食物叼入口中，颈部向后缩，头部向上抬，喙放松，在舌的辅助下，使食物向后移动，到咽部后吞咽。龟类没有牙齿，吃食物时没有嚼碎食物的过程，直接将食物整吞入肚。若食物过大或横于口边无法吞咽时，只能用前肢撕扯食物，或拨弄食物使其与口呈直线状，便于吞咽。囫囵吞枣式捕食方式，是大多数水栖和半水栖龟类的摄食方式。

（2）守株待兔式　龟类中有少数种类的摄食方式较特殊。它们很少主动捕食，总是静静地、懒洋洋地趴伏在水中，张开大嘴，等待食物靠近，然后捕食。生活于美国的大鳄龟，舌头上有一红色的线状触角，似1条蠕虫。大鳄龟张开大嘴后，不停抖动口中红色蠕虫状的触角以引诱小鱼、虾及其他小动物。当小鱼等动物将其误以为是食物而游到龟嘴附近时，它就以闪电般的速度猛吸一口，将它们吞入肚中。用此种捕食方式的龟有蛇鳄龟、玛塔龟和大鳄龟等。其中，大鳄龟还有"钓鱼龟"的别号，它的这种精巧的诱捕食物技术堪称"龟中一绝"。

（3）细嚼慢咽式　主要是陆栖龟类采用此种摄食方式。陆栖龟类的喙边缘因有细小锯齿，啃食植物茎时温文尔雅，咬一口、咽一口，全无水栖和半水栖龟类的囫囵吞枣、甚至狼吞虎咽般的捕食行为。

60 龟的喙形状与食性有何联系？

具有不同形状上喙的龟，其食性也不相同。且从上喙形状，可以判断龟的性情。

一般来说，以草食性为主的龟类，上喙呈细小的锯齿状或 W 形，适宜采食植物的菜叶，啃食果实。这类龟性情温顺，不主动伤人。以肉食性为主的龟类，上喙形状多种多样，几种类型均包含在内。其中，具有大钩形、小钩形和 W 形喙的鳄龟、平胸龟和大东方龟等一些龟，性情凶猛好斗，有的还主动伤人。

61 龟的活动与环境温度有何关系？

龟是一种变温动物（冷血动物），不能像鸟类一样维持自身体温的恒定。龟新陈代谢所产的热量有限，又缺乏保留住体内产热的控制机制，因此，龟的活动受环境温度变化而变化。为了克服这一缺陷，龟依靠寻找凉或热的地方来控制每天体温的波动。当温度较低时，龟不活动。通常温度在 10℃ 左右时，大多数龟便开始进入冬眠状态；温度上升到 15℃ 左右，一部分龟便开始活动，有的龟已能开始进食，有的趴在岸边"晒壳"，也有的龟仍处于冬眠状态。一般习惯上，把温度 25℃ 视为龟的摄食、活动正常值；而温度 30℃ 左右，则是多数龟的最佳适宜温度。在国内，每年 4～10 月是龟摄食、活动时期；其中，7～9 月温度高于 32～36℃ 时，部分龟会夏眠；11 月至翌年 3 月，则是龟冬眠期。

62 龟的冬眠与夏眠习性如何？

休眠通常是与暂时或季节性环境条件的恶化相联系的。根据休眠的特点，可分为冬眠、夏眠和日眠。低温是冬眠的主要因素，干旱及高温是夏眠的主要诱因，食物短缺则是日眠的主要原因。

龟是变温动物，其体温不像鸟类能维持自身体温的恒定，它们的体温完全受外界环境的影响。因此，龟的活动能力、进食也完全受温度的影响。每年的 4～9 月，当温度达 16～20℃以上，龟开始进食、爬动；25℃以上尤其活跃。10 月至翌年 3 月，温度低于 10～15℃，或 7～9 月温度高于 32～36℃时，龟眼闭、不动、全身无力，龟进入冬眠或夏眠状态。

63 为何一种龟有多个名称？

人们日常在媒体中发现，同是一种龟却有多种名称，如黄喉拟水龟，在我国南方某些地区称石龟，而在江苏和安徽民间则称黄板龟，北方又称黄喉水龟或叫黄龟等。因此，一种龟在不同地区里就会出现它的俗名、别名等多种名称。一种龟有多个名称是同物异名现象，为了克服动物名称的混乱和国际间的交流，1785 年，瑞典自然科学家林奈创立了"双名法"，这样，每一个动物就有了自己特有的名称，这就是动物学名（拉丁名）的由来。

一种龟从被命名时候起就已经有了一个世界通用的名称——拉丁名，又称科学的名称，简称学名。拉丁名就是这种龟的身份证，世界通用。与拉丁名相对应有一个中文名，是学者依据这种龟的拉丁名、英文名翻译而来，有的是取自龟的发现地，中文名应以国家颁布的、被广大学者认可、普遍使用的名称为准，不宜随意更改和变动。

不同地域、不同人群依据自己对龟的认识，并根据龟的外形、身体颜色、发现的地点等特征为某一种龟取名。如果这个名称被大家接受，大家都使用它，那么这个名称就将被广泛使用。但是这些名称只能是这种龟的别名、别称、俗名，如果这个名称仅仅在广东省使用的多，那就是地方名。例如：南石的中文名是黄喉拟水龟，在海南儋州，黄喉拟水龟被称为金石龟，就是黄喉拟水龟在海南的地方名；在广西、广东等地，黄喉拟水龟通常被称为石龟、南石的频率很高，就是广西、广东的地方名。

64 如何使用中国龟类检索表？

使用中国龟类检索表来鉴别龟种时，首先要弄清楚龟身上各个部位的专用术语，这些知识可以通过有关书籍、图鉴对照学习。其次，需要了解待鉴定的龟具有哪些特征，如腹甲上是否有韧带；背甲上是否有颈盾等。最后，对照检索表逐条对比，符合哪一条件，再继续往下对照，直到查出它的种名。若检索表上没有，有可能是外国龟种或新种。

65 杂交龟中文名冠名规则有哪些？

杂交龟中文名冠名主要规则建议如下：

（1）杂交龟的中文名读起来朗朗上口，通俗易懂，便于记忆。

（2）为避免与其他龟的中文名混淆，每个杂交龟的中文名以"杂交龟"或"杂交陆龟"为后缀。

（3）为便于人们对杂交龟的双亲一目了然，杂交龟的中文名分别以其双亲中文名第1~2个字合起来为前缀（少数杂交龟取自单亲的中文名），如乌龟和黄喉拟水龟的杂交后代，中文名为"乌黄喉杂交龟"。

（4）杂交龟中文名以首次培育者、第一个发现者的姓氏为名，以此纪念。如金钱龟与潘氏闭壳龟的杂交后代，取名为"区氏闭壳杂交龟"。

（5）杂交龟具有自身特有的外部特征，为突出其特殊性，故以其特征为名。如金钱龟与安布闭壳龟杂交的后代，中文名为"金安布闭壳杂交龟"。

66 为何一个名称代表多种龟？

草龟是乌龟、花龟、黑颈乌龟等龟的别名，也是来自东南亚的草龟（*Hardella thurjii*）的中文名，这就是一个名称代表多种龟现象。

一种龟有多个名称是同物异名现象，一个名称代表多种龟是同名异物现象。这两种现象在龟展览、媒体、文字宣传中屡见不鲜。经常使用别名，没有标注龟的中文名或拉丁名，使不同地域的龟友交流起来很容易混淆，给一些刚刚进入龟行业人交流、沟通带来困惑，也容易在贸易中出现沟通误会和种类张冠李戴纠纷。所以，建议在文字报道、宣传和贸易中使用中文名和拉丁名。

67 乌龟为何不是所有龟类的统称？

在一些媒体及日常生活中，人们将乌龟（*Chinemys reevesii*）认为是所有龟代称的现象并不罕见。如将四眼斑龟（*Sacalia quadriocellata*）说成四眼乌龟，缅甸陆龟（*Indotestudo elongata*）被写成缅甸乌龟等，这些说法都是不正确的。乌龟是世界234余种龟类动物中一个独立的种。其中，乌龟仅产于亚洲，主要分布在中国、日本等国家，是中国36余种龟类动物中分布最广、数量最多的一种。可见，乌龟不是所有龟的统称。

三、常见龟种类生物学特性

68 几种常见侧颈龟类生物学特性是什么？

侧颈龟科5属25种，分布于非洲和南美。主要特征：颈部较短，能完全隐匿于体侧背甲与腹甲间，腹甲骨板11块，具有1对间下板；颚骨彼此相连，没有鼻骨，前额骨彼此相连。

（1）钢盔侧颈龟

拉丁名：*Pelomedusa subrufa*

英文名：Helmeted Turtle

别名：沼泽侧颈龟

分布：撒哈拉沙漠以南非洲全境，马达加斯加岛，阿拉伯半岛南端。

形态特征：背甲棕色，每块盾片间的连接线呈深棕色，且较宽；背甲呈长方形，中央扁平。成体腹甲深棕色，近似棕黑色（幼体腹甲淡黄色，每条沟呈深棕色，周围呈淡棕色）。腹甲上无韧带，胸盾沟不在中线相遇。头顶、颈背部呈淡灰褐色，散布深褐色小斑点，眼睛较大，喙呈人字形，颈腹部、喉部乳白色。四肢背部褐色，腹部乳白色，指、趾间具丰富蹼，前肢和后肢均为5爪。尾短。

生活习性：钢盔侧颈龟属水栖龟类，生活于广阔的湖泊、河川和沼泽地带。肉食性，以各种昆虫、小型动物为主食。人工饲养条件下，吃瘦猪肉、小鱼等。繁殖季节为晚春或初夏，通常每窝产卵13～16枚。卵直径38毫米、短径2毫米。孵化期75～90天。

（2）非洲侧颈龟

拉丁名：*Pelusios gabonensis*

英文名：African Forest Turtle

别名：森林侧颈龟、西非侧颈龟

分布：非洲的利比里亚、扎伊尔、乌干达和坦桑尼亚西部。

形态特征：背甲棕黄色，椭圆形，无颈盾，背甲中央有1条黑色条纹，前后缘不呈锯齿状，缘盾腹面黄色，具黑色斑块。腹甲黑色，无任何斑纹，胸盾与腹盾间具韧带，前缘呈半圆形，后缘有缺刻。头部淡灰色，头顶、侧面具不规则黑色细小斑点；颈部淡灰色。四肢淡灰色，前肢和后肢均为5爪，指、趾间具蹼。尾淡灰色且短。

生活习性：非洲侧颈龟属水栖龟类，生活于热带雨林中的湖泊、河流等水域。肉食性，以小鱼、蠕虫为主要食物。每次产卵12枚左右。

（3）锯齿侧颈龟

拉丁名：*Pelusios sinuatus*

英文名：East African Serrated Mud Turtle

别名：棱背侧颈龟

分布：非洲东部。

形态特征：背甲黑色，椭圆形，无颈盾，背甲中央具1条嵴棱，后部缘盾呈锯齿状。腹甲中央黄色，边缘具黑色棱角状斑纹。头顶黑色，侧面、颈部淡褐色。四肢淡褐色，指、趾间具蹼。尾淡褐色且短。

生活习性：锯齿侧颈龟是本属中体型最大的一种，背甲长可达46.5厘米。栖息于湖沼、河流等地。肉食性，以贝类、小青蛙和蠕虫为主食。每年10～11月为产卵期，每次产卵7～13枚。

（4）黄头南美侧颈龟

拉丁名：*Podocnemis unifilis*

英文名：Yellow-spotted River Turtle

别名：黄头侧颈龟

分布：玻利维亚、厄瓜多尔、秘鲁、圭亚那、委内瑞拉、哥伦比亚和巴西。

形态特征：背甲长达 68 厘米，是本属中体型较大的一种侧颈龟。幼体背甲淡橄榄色，成年龟的背甲颜色较深，背甲呈椭圆形，顶部隆起，中央有 1 条嵴棱，背甲前后边缘不呈锯齿状。腹甲淡黄色，腹甲前部边缘呈半圆形，腹甲后部边缘缺刻，腹甲前较后半部大，间喉盾较长，并且将喉盾分隔开，但不隔开肱盾。头部黑褐色，头顶部和侧面有淡黄色或橘红色的斑纹，眼睛较大，喙呈流线型。四肢黑褐色，后肢边缘有 3 枚大的鳞片。尾短，黑褐色。

生活习性：黄头南美侧颈龟属水栖龟类，生活于湖泊、河川等水域中。以植物性食物为主，如水草、果实等，也能吃一些死鱼。在巴西，通常 6~11 月是繁殖季节，每年至少产 2 次卵，每次产卵 15~25 枚。卵长径 45 毫米、短径 28 毫米。稚龟背甲长约 45 毫米。

（5）六疣南美侧颈龟

拉丁名：*Podocnemis sextuberculata*

英文名：Six-tubercled Amazon River Turtle

别名：六峰南美侧颈龟

分布：亚马孙河流域的巴西北部、秘鲁东北部、哥伦比亚西南部。

形态特征：背甲长通常为 31.7 厘米，是 6 种南美侧颈龟属成员中体型最小的一种。背甲灰褐色，呈卵圆形，背甲中部较宽，后缘呈锯齿状（亚成体较明显）。腹甲和甲桥是灰黄褐色，腹甲前半部较后半部宽，前缘呈半圆形，后缘缺刻，间喉盾将喉盾分开，幼体的胸盾、腹盾和股盾等部位上有疣瘤状突起。头部较宽，灰橄榄色，无任何斑纹，颈部灰褐色。四肢灰橄榄色，后肢有 3 个大的鳞片，指、趾间有发达的蹼。尾长短适中。

生活习性：六疣南美侧颈龟属水栖龟类，杂食性，捕食水中的水生植物和小鱼。在亚马孙河的上游，繁殖季节在 10 月左右。

（6）大头盾龟

拉丁名：*Peltocephalus dumeriliana*

英文名：Big-head Amazon River Turtle

别名：亚马孙龟

分布：委内瑞拉境内的澳里诺科河流域和亚马孙河流域，哥伦比亚东部，厄瓜多尔东部，秘鲁东北部，巴西和法属圭亚那。

形态特征：背甲长达 68 厘米。背甲呈灰黑色，带有棕色，背甲隆起，中央有脊棱，有颈盾。腹甲和甲桥棕黄色，腹甲较大，间喉盾将喉盾完全隔开。头部呈灰褐色，但鼓膜区域颜色较淡，下颌棕黄色，颈部灰褐色，吻部倾斜，上喙有锋利的钩，下颌中央仅有唯一的触角。四肢灰褐色，前后肢的边缘有 3 枚较大的鳞片，指、趾间具有丰富的蹼。尾长短适中。

生活习性：大头盾龟是一种体型较大的淡水龟类，常生活于大河流、湖泊等。有资料报道，大头盾龟摄食各种各样的水果（Pritchard，1979）。也有报道，幼龟吃鱼（Medem，1983）。繁殖季节从干燥的 12 月开始，每次产卵 7～25 枚，卵呈长椭圆形，孵化期 100 天左右。

（7）马达加斯加壮龟

拉丁名：*Erymnochelys madagascariensis*

英文名：Madagascar Big-head Side-necked Turtle

别名：大头侧颈龟

分布：马达加斯加岛。

形态特征：背甲灰橄榄色，椭圆形，顶部较平，椎盾上没有崤棱，成体的背甲后缘不呈锯齿状（稚龟和幼龟有锯齿），没有颈盾。腹甲和甲桥棕黄色，长且窄，前叶前缘圆形，后叶较宽，间喉盾没有完全隔开喉盾。头部淡棕黄色，头部大且宽，吻部上翘，上颌和下颌均呈钩状，下颌中央仅有 1 个触角（有时也有 2 个触角）。颈背部灰褐色，颈腹部黄色。四肢具有发达的蹼，前后肢边缘均有 3 枚大的鳞片。尾长短适中。

生活习性：马达加斯加壮龟的体型较大，背甲长达 43.5 厘米。生活于流速缓慢的河流、溪流中，沼泽地和礁湖都有它们的踪迹。

69 几种常见动胸龟类生物学特性是什么？

（1）麝动胸龟

拉丁名：*Sternotherus odoratum*

英文名：Common Musk Turtle

别名：密西西比麝香龟、普通动胸龟、蛋龟

分布：加拿大、美国等。

形态特征：背甲黑色，外形呈椭圆形，中央隆起，似半个鸡蛋，前后缘不呈锯齿状。腹甲淡棕色较小，具11枚盾片。胸盾与腹盾间具韧带，腹甲各盾片间缝隙较大，借皮肤连接。头部黑色，较尖，侧面具2条淡黄色纵条纹，并延长至颈部，下颌中央具1对触角，喉部具针状突起。四肢褐色，指、趾间具蹼。尾褐色且短。

生活习性：麝动胸龟生活于小溪、湖、池塘、沼泽等地。杂食性，鱼、螺、虾、鱼卵、水草、藻类均食，偏爱动物性食物，不惧寒冷。国内已繁殖，年繁殖量5 000只左右。

（2）东方动胸龟

拉丁名：*Sternotherus subrubrum*

英文名：Common Mud Turtle

别名：头盔泽龟、普通泥龟、泥动胸龟

分布：美国东部。

形态特征：背甲棕黑色，呈长椭圆形，中央隆起，似半只鸡蛋，前后缘不呈锯齿状。腹甲棕黑色，前后缘圆滑，胸盾与腹盾间、腹盾与股盾间均具韧带。头部青褐色，头侧面、颈部具淡黄色斑点或条纹。四肢灰褐色，指、趾间具蹼。尾短。

生活习性：东方动胸龟属水栖龟类，生活于池塘、水潭、湖、河等地。杂食性，蜗牛、鱼卵、虾、水草及藻类均食。人工饲养条件下，食瘦猪肉、鱼肉等，少量食苹果、香蕉等。每年3～7月为繁殖季节，每次产卵1～9枚。卵长径22～29毫米、短径13～18毫米。孵化期100天左右。

（3）小动胸龟

拉丁名：*Sternotherus minor*

英文名：Loggerhead Musk Turtle

别名：麝香动胸龟、巨头麝香龟

分布：美国西南部。

形态特征：背甲淡土黄色，每块盾片上具黑色放射状花纹，背甲呈椭圆形，前后缘不呈锯齿状。腹甲淡黄色，无任何斑纹，各盾片间缝隙较大，以皮肤相连。头部灰白色，较大，布满黑色小斑点；颈部灰白色，具淡褐色条纹或斑纹。四肢灰白色，无褐色斑纹（幼龟具黑色斑纹），指、趾间具蹼。尾短。

生活习性：小动胸龟属水栖龟类，生活于池塘、水潭、湖、沼泽等地。杂食性，鱼、虾、蜗牛、水草等，尤喜食贝类。人工饲养条件下，食蚯蚓、鱼肉、瘦猪肉、菜叶和黄瓜等。每年7～10月为繁殖季节，每年能产3次卵，每次产卵2～5枚。

（4）剃刀动胸龟

拉丁名：*Sternotherus carinatum*

英文名：Razor-backed Musk Turtle

别名：剃刀龟、刀背龟、屋顶龟、盔香龟

分布：美国南部。

形态特征：背甲长达16厘米左右，椭圆形，中央隆起较高，两侧面如屋顶般陡峭，从前往后看，形成剃刀状，背甲淡棕色，有黑色斑纹和斑点，椎盾中央有嵴棱。腹甲淡黄色（幼龟），有少量黑斑纹，成体腹甲深棕黑色，没有喉盾，有韧带。头部淡棕色，有一些褐色小斑点。四肢淡橄榄色，指、趾间有蹼。尾淡橄榄色，长短适中。

生活习性：剃刀动胸龟是体型较小的一种，背甲长10cm左右已具有繁殖能力。栖息于小河、沼泽和溪流等水域，不惧寒冷。阳光充裕时，喜欢趴在岸坡上"晒壳"。杂食性，水草、蜗牛、昆虫和甲壳类等小动物均食。每年能产2次卵，每年4～6月产卵，卵呈细长椭圆形。8、9月稚龟出壳，稚龟背甲长20～30毫米。国内已繁殖，繁殖量不及麝动胸龟。

（5）白吻动胸龟

拉丁名：*Sternotherus leucostomum*

英文名：White-lipped Mud Turtle

别名：白吻泽龟

分布：墨西哥。

形态特征：背甲黑色或褐色，呈椭圆形，颈盾很窄，前后缘盾不呈锯齿状。腹甲黄色，无任何斑纹，各盾片间连接缝深褐色，头部大小适中，上喙中央钩形，有淡黄色宽条纹自眼眶向后延伸至颈部，下巴部中央有1对触角。四肢灰褐色，有大鳞片。尾短。

生活习性：白吻动胸龟是体型较小的龟种之一，通常雄龟背甲长为17.4厘米，雌龟背甲长为15.8厘米。白吻动胸龟属水栖龟类，喜生活在于有较多植物的池塘、水潭、湖和沼泽等地，也生活于海拔较低的森林。食性不详。每次产卵1～3枚。卵呈长椭圆形，卵长径37毫米、短径20毫米。在自然界的孵化期为126～148天。稚龟背甲长仅33毫米。

（6）平壳动胸龟

拉丁名：*Sternotherus depressum*

英文名：Flattened Musk Turtle

别名：锯齿动胸龟

分布：美国。

形态特征：背甲最长达11厘米左右，背甲淡棕黄色，椭圆形，较宽，中央平坦。腹甲淡黄色，有少量黑色小斑点，喉盾2枚，在胸盾和腹盾间有韧带。头部淡灰色，密布褐色小杂斑。四肢深橄榄色，指、趾间有蹼。尾深橄榄色，长短适中。

生活习性：生活于清澈的河流、湖泊等水域中。杂食性，捕食蜗牛、水生小动物、水草等。每年6月左右产卵，卵呈长椭圆形。

70 几种常见麝香龟类生物学特性是什么？

麝香龟亚科(Staurotypinae)有2属，即麝香龟属（*Staurotypus*）和匣子龟属（*Claudius*）。分布于墨西哥南部和中美洲北部。主要特征：腹甲上有7～8枚盾片，有内板。

（1）麝香龟属（*Staurotypus*） 有2种。主要特征：腋盾和胯盾较大，腹甲后部能活动。

①大麝香龟

拉丁名：*Staurotypus triporcatus*

英文名：Mexican Giant Musk Turtle

别名：三弦巨型麝香龟、三脊麝香龟

分布：中美洲。

形态特征：背甲棕红色，长椭圆形，中央具3条明显嵴棱。腹甲黄色，没有喉盾和肱盾。腋盾和胯盾较大。头部较大，褐色，头顶部、侧面、颈背部具白色蠕虫状斑纹，下喙呈钩状。颈腹部淡黄色。四肢灰褐色，具黑色斑点。尾短。

生活习性：大麝香龟属水栖龟类，栖息于水流速度较慢的河流等水域。肉食性，以水生无脊椎动物、青蛙、鱼类等为主食。繁殖季节为9月，每次产卵3～6枚。

②沙氏麝香龟

拉丁名：*Staurotypus salvinii*

英文名：Pacific Coast Musk Turtle

别名：巨型麝香龟

分布：中美洲。

形态特征：背甲棕黄色，具褐色斑点，背甲呈长椭圆形，中央具3条嵴棱。腹甲黄色，具2个韧带区，前半部较后半部长。头部较大，呈淡黄色，具黑色蠕虫状条纹。四肢淡灰色，指、趾间具蹼。尾短。

生活习性：沙氏麝香龟属水栖龟类，喜栖息于水流速度缓慢的河流、湖泊等水域。肉食性，以水生动物为食。每年可产数次卵，每次6～10枚。稚龟经80～210天孵化出壳。

（2）匣子龟属（*Claudius*） 有1种。主要特征：通常没有腋盾和胯盾，若有，很小。甲桥与背甲借韧带组成。腹甲没有韧带。

窄桥匣龟

拉丁名：*Claudius angustatus*

英文名：Narrow-bridged Musk Turtle

别名：窄龟、鹰嘴匣龟

分布：韦拉可鲁斯、墨西哥、危地马拉、伯利兹城。

形态特征：背甲褐色，每块椎盾、肋盾布满黑色放射状花纹，缘盾具褐色小斑点。腹甲淡黄色，有 8 枚盾片，缺少喉盾和肱盾，腹甲前后半部呈三角形。头部褐色，上颌和下颌为淡黄色，具黑色细小斑点，上喙具 3 个明显角状钩（中央 1 个、两侧各 1 个）。四肢灰褐色，指、趾间具蹼。尾短。

生活习性：窄桥匣龟属水栖龟类，栖息于湖泊沼泽和河川的浅滩。肉食性，以青蛙、无脊椎动物和鱼类为食。每次产卵 2～8 枚。孵化期 115～150 天。

71 中国特有的闭壳龟有哪些？

闭壳龟是龟类中较为特化的一支。其甲壳构造有两大"与众不同"的特点：①闭壳龟的背甲和腹甲间借韧带相连接（其他龟类借骨缝相连）；②闭壳龟腹甲前半部与后半部间借韧带相连接（其他龟类借骨缝相连接），平时前后部能张开或关闭。在动物分类学上，闭壳龟隶属于龟鳖目、地龟科、闭壳龟属。闭壳龟类仅分布于东亚和东南亚，其中，金头闭壳龟、潘氏闭壳龟、周氏闭壳龟、中国三线闭壳龟、百色闭壳龟、云南闭壳龟为我国特有种。

闭壳龟类早在 1 000 万年前就在地球上生息繁衍。因具有食用、药用、观赏等经济价值，导致野生闭壳龟类数量日趋减少，而我国对闭壳龟类的研究和养殖技术十分匮乏。为使人们进一步了解闭壳龟类，保护闭壳龟类，推动系统开展养殖闭壳龟类的研究，现将中国特有的闭壳龟简介如下。

（1）中国三线闭壳龟　中国三线闭壳龟是于 1825 年发现并命名的。因其背甲上具 3 条黑色条纹，故得名。别名红边龟、红肚龟、断板龟和金钱龟。我国分布于广东、广西、福建、海南、中国香港。

中国三线闭壳龟背甲为长椭圆形，呈棕红色，中央有3条黑色条纹（幼龟无），中央1条较长，两侧较短，似川字，背甲前后缘光滑不呈锯齿状。腹甲黑色边缘有少量淡黄色。头背部黄色，顶部光滑无鳞，吻钝，上喙略钩曲，喉部、颈部浅橘红色，头侧眼后有菱形褐黄色斑块。腋部、胯部橘红色。四肢前部淡黑褐色，指、趾间具蹼。尾灰褐色，较短。

目前，国内广东有大规模的金钱龟人工养殖场中，几乎都有中国三线闭壳龟，虽然广西、海南、福建也有养殖，养殖量不及广东。目前，中国三线闭壳龟年繁殖量在5 000只左右。

（2）金头闭壳龟　金头闭壳龟由罗碧涛先生、宗愉女士于1988年发现并命名，因其头部呈金黄色，故名。别名金龟、金头龟。

金头闭壳龟背甲为绛褐色，呈椭圆形，中央嵴棱明显，背甲前部和后部边缘不呈锯齿状。腹甲黄色，每块盾片上有对称黑色斑块。背甲与腹甲间、胸盾与腹盾间借韧带相连。头部较长，头背面呈金黄色，眼较大，上颌略钩曲。喉部、颈部、腹部呈黄色。四肢背部为灰褐色，腹部为金黄色。指、趾间具蹼。尾灰褐色，较短。金头闭壳龟生活于丘陵地带的山沟、水质较清澈的山区溪流和水底有沙石的清澈水潭。人工饲养条件下，常潜于深水区域，喜躲藏在水底石块缝隙中。

（3）百色闭壳龟　百色闭壳龟系1988年8月由C. H. Ernst依据从广西百色市以西、靠近云南边界地所购标本而命名，因其产地在广西的百色市附近，故中文名为百色闭壳龟，别名麦氏闭壳龟。目前，仅分布于广西壮族自治区。

百色闭壳龟背甲为淡棕色，背甲椭圆形。腹甲黄色，有一明显大黑斑，喉盾为黑色，腹甲前缘圆，后部边缘有缺刻。背甲与腹甲间、胸盾与腹盾间借韧带相连。头顶绿色，头较窄，侧部黄色，自鼻孔通过眼眶有1条黄色且嵌有深色的条纹，至头部末端停止，上颌无钩曲也无缺刻。四肢为棕色和橘黄色，指、趾间具蹼。尾短且为淡橘黄色。

百色闭壳龟在我国现存活体数量较少，国外有少量，且已能繁殖。

(4) 潘氏闭壳龟　潘氏闭壳龟由宋鸣涛先生于1981年6月发现并命名。种名赠予陕西省动物研究所前所长潘忠国先生，故名，别名闭壳龟。分布于我国的陕西省、云南省、四川省，国外无。

潘氏闭壳龟背甲为淡褐色，呈卵圆形，背甲前部和后部不呈锯齿状，中央嵴棱明显，颈盾狭小。腹甲颜色为淡黄色，盾片相连处有黑色宽条纹。背甲与腹甲间、胸盾与腹盾间借韧带相连。四肢褐色，略扁平，无斑纹。指、趾间具蹼。尾短。

潘氏闭壳龟生活于山边水流平缓、水质清澈的河边。野外生活习性不详，仅知6月中旬见于陕西省平利县徐家坝海拔420米的稻田旁水沟中。人工饲养条件下，食蚯蚓、活小鱼和虾肉等，但瓜果蔬菜均不食。当环境温度高于25℃左右时吃食正常；温度为20℃时，龟有少食少动的现象；温度降为15℃左右时，龟进入冬眠期。1只重650克的雌龟，于1999年8月5日产卵1枚，8月11日产卵2枚，卵长径37.1~41毫米、短径22.5~23毫米，卵重15.6~17.2克。

潘氏闭壳龟的活体数量较少，已有少量繁殖。

(5) 周氏闭壳龟　周氏闭壳龟由周久发先生于1989年在广西凭祥市场发现3只。1990年由赵尔宓院士命名。种名取自江苏省南京龟鳖博物馆创建人、馆长周久发的姓氏，以对他创建中国第一家龟鳖博物馆、推动龟鳖类动物科学研究做出的贡献表示崇敬和纪念，故名。别名黑龟。目前，仅分布于我国的广西壮族自治区和云南省。

周氏闭壳龟的背甲为黑色或土黑色，卵圆形，中央有或无嵴棱，无侧棱，背甲前缘不呈锯齿状，缘盾的腹面为土黄色，散有不规则的黑色斑，背甲各盾片均无同心圆纹。腹甲褐黑色，胸、腹及股盾中央有较大三角形的土黄色斑块，胸盾与腹盾间借韧带相连。头部较窄，顶部无鳞，皮肤光滑，吻尖而端部圆钝；上喙钩曲，虹膜黄绿色，鼓膜部浅黄色，自鼻孔经眼部，自眼后达头部后端有

1条淡黄色的细条纹，2条细条纹的边缘嵌以橄榄绿线纹；颈部皮肤布满疣粒，背部、侧部橄榄绿色，腹部浅灰黄色。四肢略扁，背面橄榄绿色，腹面浅灰黄色。指、趾间有丰富的蹼。尾橄榄色，较短。

周氏闭壳龟野外生活习性、繁殖习性不详。人工饲养条件下，可生活于深水中，食鱼肉、瘦猪肉、家禽内脏、小昆虫及混合饵料。投喂瓜果蔬菜均不食。当环境温度为22℃左右时能正常吃食，17℃左右进入冬眠期。

（6）云南闭壳龟　云南闭壳龟系 Boulenger 于 1906 年以云南标本命名。目前，仅分布于我国的云南省，国外无。云南闭壳龟背甲为淡棕橄榄色，呈卵圆形，嵴部较隆起，嵴棱明显，前后缘不呈锯齿状。腹甲棕橄榄色，前缘圆，后缘缺刻。背甲与腹甲间、胸盾与腹盾间都借韧带相连。头部淡灰色，头侧有1条淡黄色条纹，延伸至颈部。四肢略偏，前肢的前缘有1条黄纹。指、趾间具蹼及爪。尾短。

云南闭壳龟虽已被发现近一个世纪了，仅知云南闭壳龟栖息于高海拔的高原地区，我国存有量较少。人工繁殖已获成功，已少量繁殖。

72 蛇鳄龟生物学特性是什么？

拉丁名：*chelydra serpentina*

英文名：American Snapping Turtle

别名：鳄龟、小鳄龟、肉龟等。

分布：美国。

蛇鳄龟体型较大，背甲长可达47厘米以上，体重达50千克左右。背甲卵圆形，宽且短，长与宽几乎相近。成体背甲棕褐色（幼体黑色或棕色），每块盾片中央均有突起且成棘状（幼体突起较小），从棘的顶点向左、右、前三个方向形成深棕色或棕褐色放射状条纹；背甲前缘不呈锯齿状，后缘呈锯齿状。腹甲呈十字形，较小；成体腹甲淡黄色或白色（幼体黑色）。头部呈三角形，顶部棕褐色或灰褐色，散布有小黑斑点，并有针状棘；龟头部不能完全缩入壳内，其口裂较大，达到眼睛后部，上颌、下颌呈钩形，眼睛较大。颈长，呈淡黄色，有黑色斑点。四肢不能缩入壳内，表皮散布不规则的细小的疣粒，腹面有大块鳞片；趾、指间具强大的爪；爪与爪间具有丰富的蹼。尾长，是背甲长度的一半或几乎相近；尾腹部覆以环状鳞片，尾背部形成 3 行三角形硬棘，似鳄鱼的尾。

（1）生活习性　蛇鳄龟属水栖龟类，在野外，喜生活于淡水，如湖、河、沼泽地及水潭中，也能在含盐较低的港湾、河湾里生存。蛇鳄龟喜欢在夜间活动和觅食。日常则喜伏于水中的泥沙、灌木和杂草丛中，并时常将眼鼻伸出水面，但头不完全伸出水面唤起或寻找食物。白天，蛇鳄龟常常伏于木头或石块上，有时也漂浮在水面换气。蛇鳄龟漂浮在水中时，借助其背甲上保护色——像一块烂木头漂在水中，很不容易被发现；有时蛇鳄龟四腿朝上，背朝下、头朝上露出水面。蛇鳄龟不怕寒冷，不具炎热。当环境温度在18℃以上，蛇鳄龟能正常吃食；20～33℃是最佳活动、觅食的温度；34℃以上少动，伏在水底及泥沙中避暑；15～17℃时尚能少量活动，有些龟也能觅食；15℃以下冬眠；10℃以下深度冬眠。

（2）行为习性　成体蛇鳄龟性情暴躁，能主动攻击人。当有物体在龟眼睛前方走动或晃动时，龟先将头缩入壳内，嘴张开，等待适时机会，突然伸出头欲咬，然后又将头缩入壳内，如此反复数次。一旦被捕捉，蛇鳄龟便用四肢用力蹬脱或乱抓。20～40 克的幼体较温顺，不主动伤人。500 克左右的蛇鳄龟具有攻击性，但不如成体蛇鳄龟凶猛。蛇鳄龟腹甲较小，仅有背甲的 50％～60％，故龟的四肢大腿部非常发达，粗壮；蛇鳄龟四肢较长，当前肢强壮的爪攀住物体，后肢和尾支撑地面时，龟能直立。蛇鳄龟爬行时，四肢将自身支撑起，跨步距离大，速度较快。

（3）食性　蛇鳄龟为杂食性，如野果、植物茎叶、小虾、小蟹、小鱼、蛆、蜗牛、蚯蚓、水蛭、小蛙、蟾蜍、蝾螈、淡水寄生虫、小型哺乳动物及藻类都是其喜食的饵料。人工饲养条件下，蛇其食鱼、猪肉、牛肉及家禽内脏，植物类喜食苹果、菜叶等。

蛇鳄龟没有牙齿，吃食时完全依靠上颌和下颌将食物撕碎或借助前爪撕碎食物，有时也直接将食物吞咽下肚。

（4）繁殖习性　蛇鳄龟的繁殖习性较其他水栖龟类有所不同。

雌雄鉴别：雄性龟背甲较长，尾基部粗而长，泄殖腔孔位于背甲后部边缘较远；雌性龟背甲较宽，尾基部较细，泄殖腔孔距背甲后缘边缘较近，位于尾部第一枚硬棘之内或与尾部第一枚硬棘平齐。

繁殖季节及交配：每年4～9月为蛇鳄龟的交配季节。当水温达20℃左右时，蛇鳄龟发情交配。交配通常在水中进行，先是雄龟引逗雌龟，雄龟经常爬到雌龟的背上，起初雌龟游动，当雄龟滑落下后，又紧追爬上，如此反复，直到雌龟停止游动，雄龟后腿夹住雌龟的后肢窝，前爪钩住雌龟的背甲。交尾过程中，雄龟头颈伸直且左右摇晃，有时两龟的鼻孔对鼻孔，互相亲热对峙。

产卵：每年5～11月为产卵期，6月是产卵旺期。产卵前，雌龟爬到岸边，寻找开阔的陆地（一般离水边20米远左右），然后蛇鳄龟用前肢固定身体，用2个后肢掌部交替旋转挖洞穴，洞穴的洞口大、洞底小，往下延伸有一定的弯度，深10～13厘米。洞穴挖好后，雌龟用前肢撑高前躯，尾部降低蹲在坑口，将尾部对准洞穴产卵。产卵过程中，雌蛇鳄龟一后肢向内弯曲，掌部撑开以接应卵，避免卵破裂。卵产完后，用后肢扒沙填坑盖好卵，并用腹部压平。

产卵量、卵型：蛇鳄龟产卵的数量因体重、营养、健康状况不同而有差异。每窝卵有11～83枚，通常在20～30枚。卵呈白色，圆球形，外表略粗糙，具坚硬外壳。直径24～31毫米，重9.5～12克。

73 黄缘闭壳龟生物学特性是什么？

拉丁名：*Cuora flavomarginata*
英文名：Yellow-margined Box Turtle
别名：断板龟、夹蛇龟、夹板龟等

分布：中国的安徽、江苏、浙江等地。国外分布于日本。

（1）形态特征　背甲呈圆形，中央高隆，绛红色，中央具淡黄色嵴棱，每块盾片上均有细密同心圆纹，背甲缘盾腹面为黄色，故名。腹甲黑色，无斑点。背甲与腹甲间借韧带相连。头顶淡橄榄色，眼眶上有 1 条金黄色条纹，由细变粗延伸至颈部，左右条纹在头顶部相遇后连接形成 U 形条纹，侧面淡黄色，下颌淡黄色或橘红色，上喙钩形。四肢黑褐色，有较大鳞片。指、趾间具半蹼。尾褐色且短。

（2）生态习性

①生活习性：在自然界，黄缘闭壳龟栖息于丘陵山区的林缘、杂草、灌木中，在树根底下、石缝等比较安静的地方也有其踪迹。活动范围内阴暗，且离溪流不远。它们喜群居，常常见到多个龟在同一洞穴中。昼夜活动规律随季节而异。黄缘闭壳龟属半水栖龟类，不能生活在深水域内。人工饲养条件下，4～5 月和 9～11 月气温达 18～22℃时，龟早晚活动较少，中午前后活动多；每年的6～8 月气温25～34℃，龟以夜间、清晨或傍晚活动为主，白天隐蔽在洞穴、树木或沙土中。若遇雨季，则常到洞外淋雨。12 月至翌年 3 月是龟的冬眠期，当温度 19℃时，龟停食。气温下降到10℃左右，龟进入冬眠。冬眠时，喜躲在洞穴、树枝堆或在较厚的枯萎草层下，且大多在向阳、背风处。当气温在 13℃时，龟又苏醒。

②行为习性：黄缘闭壳龟的身体结构较其他的龟类特殊。其背甲与腹甲间、腹盾与胸盾间均以韧带相连。故龟在遇到敌害侵犯时，可将它夹死或夹伤，如蛇、鼠等动物；也可将自身缩入壳内，不露一点皮肉，使敌害无从下手。黄缘闭壳龟较其他的淡水龟类胆大，不畏惧人，同类很少相互争斗。饲养 2～4 月的龟，在食物的引逗下可随主人爬动。

③食性：黄缘闭壳龟为杂食性。野生的龟食植物茎叶和昆虫及蠕虫，如天牛、金叶虫、蜈蚣和壁虎等。人工饲养条件下，食瓜果、蔬菜、米饭、蚯蚓、家禽内脏、瘦猪肉和鱼等，尤喜食活动物

性饵料。

（3）繁殖习性　雌雄鉴别：黄缘闭壳龟体重达 150 克时能分辨雌雄。雄龟体重达 280 克、雌龟体重 450 克左右性成熟。同年龄的龟，雌性个体总是大于雄性个体。雌性个体体重可达 1 000 克以上；雄性个体体重很少超过 500 克。鉴别雌雄的方法有两种：

方法一：雄龟的背部拱起较高，顶部尖，腹甲后缘略尖，尾长，泄殖腔孔距尾基部较远；雌龟的背部拱起较小，顶部钝，腹甲后缘略呈半圆形，尾粗短，泄殖腔孔距尾基部较近。

方法二：将龟的腹部朝天，用手将龟的四肢、头顶触缩入壳内，将龟的尾部摆直。若是雄龟，则可看到交接器从泄殖腔孔内翻出，呈黑色伞状；而雌龟的泄殖腔孔内仅排出泡泡或稀黏液。

黄缘闭壳龟一般在 4 月中旬至 10 月底为交配期，交配前，雄龟围着雌龟打转，有时在雌龟的前部，阻止雌龟前进。若雌龟不动，雄龟则爬上雌龟的背上，尾绕在一起，时间长达 10 分钟之久。5～9 月为产卵期，每次产卵 2～4 枚，可分批产卵。卵白色，长椭圆形，卵长径 40～46 毫米、短径 20～26 毫米，重 8.5～20 克。产卵的大小与龟的体重成正比。产卵多在凌晨和傍晚，产卵的地点选择在安静、潮湿且向阳的沙土地方。也有些龟因找不到合适的地方，将卵产在草堆、水盆及沙土上。龟有吃卵的现象。

饵料与生长速度：投喂 5 种不同饵料，黄缘闭壳龟的生长速度存在差异。结果表明：投喂新鲜蚯蚓一组的增长率最大，也就是说，该组的生长速度最高。

饵料与繁殖的关系：在黄缘闭壳龟的种龟培育期间，投喂不同的饵料，种龟产卵数不同。实验表明：用混合饲料和配合饲料投喂种龟，产卵率大于用常规饲料投喂的种龟。

74 锯缘闭壳龟生物学特性是什么？

拉丁名：*Cuora mouhotii*
英文名：Keeled Box Turtle
别名：高背八角龟、方龟、八角龟、锯缘箱龟、锯缘摄龟分布：国外分布越南、老挝、印度、泰国和缅甸；国内分布广东、广西、海南、湖南和云南。

形态特征：通常背甲长 120～160 毫米，体重 1 000～1 200 克。头顶后部具大鳞，上喙钩形，颚骨咀嚼面窄无棱。背甲呈方形高隆，具 3 条纵峭棱，前缘略呈锯齿状，后缘具 4 对明显的锯齿。腹甲不能完全与背甲闭合。头顶部棕黄色，密布黑色细小虫纹，头侧眼眶和鼓膜之间具 1～2 个淡黄色或淡棕黄色斑纹，斑纹镶嵌黑色条纹。背甲棕黄色（幼体颜色鲜艳，接近橘红色），具棕褐色条纹或蠕虫状斑纹。腹甲淡黄色，棕褐色斑纹，有的个体无斑纹。四肢和尾黑褐色。雌性腹甲平坦，尾短细，泄殖腔孔位于背甲后缘之内；雄性腹甲略凹陷，尾粗大且长，泄殖腔孔位于背甲后缘之外。

生活习性：生活于山区丛林、灌木及小溪中。属半水栖龟类，水位不能超过自身背甲高度，否则有溺水现象。人工饲养时，喜阴暗潮湿环境，惧怕高温干燥环境。肉食性，尤喜食活食，蚯蚓、蟋蟀、蜗牛、黄粉虫、蛞蝓、西红柿和香蕉。环境温度 23～28℃活动量最大，19℃时进入冬眠。每年 6～7 月产卵，每窝 1～3 枚。卵白色，硬壳，长椭圆形。卵长径 40～43 毫米、短径 24～26 毫米，卵重 15～18 克。孵化期 60～75 天。稚龟背甲长 32～36 毫米，重 14～17 克。

该种龟人工饲养成活率低，未见规模养殖，仅爱好者及动物园等饲养，年繁殖量低于 100 只。已发现锯缘闭壳龟与地龟、黄额闭壳龟、金钱龟杂交的后代。

75 安布闭壳龟生物学特性是什么？

拉丁名：*Cuora amboinensis*

英文名：Southeast Box Tartle

别名：马来闭壳龟

分布于孟加拉国、缅甸、泰国、柬埔寨、越南和马来西亚，是闭壳龟属中分布最广的一种。

安布闭壳龟背甲为黑色，隆起较高，中央具明显峭棱，后缘不呈锯齿状；腹甲淡黄色，每块盾片上具黑色圆形斑点或不规则黑点；腹甲与背甲能完全闭壳。头部呈橄榄色，略带褐黑色，顶部有1条黄色细条纹，且延伸至枕部后方，头侧具数条黄色细条纹，并延伸至颈部。

安布闭壳龟栖息于离水不远的沼泽地、低洼地、水潭和山涧溪流处，属水栖龟类。野外的安布闭壳龟以植物茎叶、小鱼、蜗牛和昆虫等小动物为食，属杂食性。人工饲养条件下，喜生活于浅水中（水位不超过自身背甲高度）。当环境温度为 22～25℃时，能正常吃食；18℃左右停食；15℃时停止活动或少动，随环境温度逐渐降低而进入冬眠状态。安布闭壳龟个体重 1 000 克左右时可产卵。产卵季节为每年 4～6 月，每窝有 3～4 枚，卵长径 46～57 毫米、短径35～57 毫米，卵重 25～29 克。但冬季加温饲养的龟也能于 7 月和翌年 1 月产卵，卵重 15.1～24 克，卵长径 43.2～50.8 毫米、短径23.1～29.2 毫米。

76 越南三线闭壳龟生物学特性是什么？

拉丁名：*Cuora cyclornata*

英文名：Vietnam three-striped box turtle

别名：三线龟、红肚龟、灰头金钱龟、金钱龟

分布：国内分布于广西；国外分布于越南、老挝。

生活习性：越南三线闭壳龟白天躲藏在洞中，傍晚、夜晚出洞活动较多，有群居的习性。人工饲养条件下，其生活习性已被改变，白天活动较多，夜晚栖息在水底或爬上岸。当水温 23～28℃时，活动频繁，四处游荡；水温 10℃以下冬眠；15℃左右时又苏醒。杂食性，在自然界主要捕食水中的螺、鱼、虾、蝌蚪及水生昆虫，同时，也食幼鼠、幼蛙、金龟子、蜗牛及蝇蛆，也食南瓜、香蕉及植物嫩茎叶。人工饲养条件下，喜食蚯蚓、瘦肉、小鱼及混合饲料。性情温和，反应灵敏。易驯养，无攻击行为。

雌雄鉴别：雌龟背甲较宽，尾细且短，泄殖腔孔距背甲后缘较近；雄龟背甲较窄，尾粗且长，泄殖腔孔距背甲后缘较远。

生殖习性：每年 4～10 月为繁殖季节，5～9 月为产卵季节。一年可产 1～2 次卵，每次 1～7 枚。卵白色，呈长椭圆形，长径 40～55 毫米、短径 24～33 毫米。卵重 18～35 克，孵化期 67～90 天。稚龟重 13～28 克。

77 黄额闭壳龟生物学特性是什么？

拉丁名：*Cuora galbinifrons*

英文名：Indochinese Box Turtle

别名：金头龟、黄额盒龟、花金钱、海南闭壳龟、黑腹黄额闭壳龟。

分布：国内分布于广西、海南；国外分布于越南、老挝。

生活习性：人工饲养条件下，夏季适宜温度 23～30℃，适宜环境湿度 65％；冬季适宜温度为 13～16℃；杂食性，食多种植物，如草莓、香蕉、樱桃、梨、生菜、苹果、西红柿和一些花蕾；动物性食物包括猪肉、牛肝、猪肝、颗粒饲料和猫粮等。性成熟期不详。每年 2～6 月产卵，产卵 1～2 次，每次 2～3 枚。卵产于树叶堆中，卵长椭圆形，白色，硬壳，卵平均长径 59.4 毫米、平均短径 27.9 毫米，卵平均重 26.3 克。孵化温度 27～28℃，孵化期 65～90 天。稚龟背甲长 43 毫米，重 14 克。性情温顺，胆小极害羞。人工饲养成活率低，适应新环境能力弱。

雌雄鉴别：雌龟背甲较宽，尾部短，泄殖腔孔位于背甲后部边缘之内；雄龟背甲较窄，尾部较长，泄殖腔孔位于背甲后部边缘之外。

其他：宠物市场上，黄额闭壳龟大多数均为野生。该种龟尚未大量养殖，年繁殖量少，不足 50 只。现已发现黄额闭壳龟与锯缘闭壳龟杂交的后代。

78 印度星龟生物学特性是什么？

拉丁名：*Geochelone elegans*

英文名：Indian Star Tortoise

别名：星龟、土陆龟、印星

分布：斯里兰卡、印度、巴基斯坦。

生活习性：属亚热带龟类，喜暖怕寒，适宜生活于略湿润环境中。适宜气温25～30℃，气温20℃以上，虽能爬动、吃食，但易出现排稀粪便、流鼻液症状；气温18℃少食、少动。人工饲养条件下，食植物茎叶、瓜果菜叶，如番茄、苹果和卷心菜叶等。性情温和，活跃，喜爬动，易接近人。人工饲养3～5个月并驯化后，投喂食物时，可引逗它爬动。

雌雄鉴别：雌龟尾部较短，腹甲平坦；雄龟尾部较长，腹甲中央凹陷。

生殖习性：每年4～11月为繁殖期，每次产卵2～10枚。卵长径38～52毫米、短径27～39毫米。孵化期147天左右。

其他：印度星龟背甲具星状花纹，观赏性及强，深受养龟者喜爱。背甲长4厘米左右印度星龟较难饲养，成活率低。

79 黄腿陆龟生物学特性是什么？

拉丁名：*Geochelone denticulata*

英文名：South American Yellow-footed Tortoise

别名：黄腿象龟

分布：玻利维亚、巴西、哥伦比亚和委内瑞拉。

生活习性：适合生活于温暖潮湿环境中。适宜气温25～30℃，气温18℃左右停食。食植物，瓜果、蔬菜、草和树叶都食。性情柔顺，无攻击性。

雌雄鉴别：雄龟腹甲凹陷；雌龟腹甲平坦。

生殖习性：每次产卵1～12枚。孵化期4～5个月。性成熟期4～6年。

80 红腿陆龟生物学特性是什么？

拉丁名：*Geochelone carbonaria*

英文名：Red-footed Tortoise

别名：红腿象龟

分布：巴西、阿根廷、巴拿马、委内瑞拉、哥伦比亚、巴拉圭。

生活习性：喜潮湿温暖，怕寒冷，是陆龟中最耐潮湿的陆龟。气温 20℃左右停食，适宜气温 25～28℃。杂食性，但以植物为主，如多肉植物、果实和青草。人工饲养条件下，可投喂空心菜、卷心菜、菠菜和西瓜等瓜果蔬菜。秉性温厚，活泼、好动且机灵，容易与人接近。

雌雄鉴别：雄龟背甲低平，腹甲凹陷，甲桥部凹陷，形成 8 字形状，尾长；雌龟背甲高隆，腹甲平坦，甲桥部略凹陷。

生殖习性：繁殖季节为 6～9 月，每次产卵 2～15 枚。孵化期 4～6 个月。

其他：头部鳞片颜色呈深红色的龟，数量较少，属上等品相。

81 豹龟生物学特性是什么？

拉丁名：*Geochelone pardalis*

英文名：Leopard Tortoise

别名：陆龟、豹纹龟

分布：原产非洲东部和南部。许多国家已人工繁殖成功。

生活习性：豹龟喜暖怕寒，喜干怕湿。气温 18℃时少动；气温 20℃左右时能少量吃食；但气温 28～32℃最适宜。若长时间（10 天左右）生活在低温（气温 15℃左右）环境中，易患病或死亡。食植物性饵料。人工饲养条件下，食生菜叶、胡萝卜、桑叶、荠菜和芹菜叶等，也能食面包虫（不宜多食），最好的食物是各种草、一些树叶（桑树叶、槐树叶等）。性情温和，行动缓慢。

雌雄鉴别：雌性尾较短，腹甲中央平坦；雄性尾较长，腹甲中央凹陷。

生殖习性：每年 5～10 月为繁殖季节，每次产卵 5～30 枚。卵长径 36～40 毫米。孵化期为 90～120 天。

其他：豹龟是世界第四大陆龟，在非海岛型陆龟中却是第二大陆龟。豹龟生长速度较快，体重可达 200 千克以上，背甲长 70 厘米左右。豹龟背甲颜色不同，分为白豹、黑豹。白豹龟背甲以淡黄色为主，有黑色不规则斑块；黑豹龟背甲以黑色为主，有白色或淡黄色不规则斑块。豹龟经过幼年阶段后，可算是陆龟家族中最强健的种类了。但由于豹龟体型较大，不适宜饲养在家里。

82 苏卡达陆龟生物学特性是什么？

拉丁名：*Geochelone sulcata*

英文名：African Spurred Tortoise

别名：苏卡达、苏卡达象龟

分布：非洲中部，原产马里、尼日利亚、苏丹等非洲国家。目前，许多国家已人工繁殖成功，并作为宠物在市场销售。我国也已批量繁殖，并供应宠物市场。

苏卡达陆龟是一种巨大型陆龟，属世界上第三大陆龟，但在非海岛型陆龟中属第一大陆龟，其背甲长可达 76 厘米。

形态特征：背甲褐色（幼体为绛红色，每块盾片上有淡黄色斑块），呈椭圆形，背甲隆起较高，中央平坦，无颈盾，背甲前缘缺刻较深，背甲前后缘盾均呈锯齿状，无颈盾。腹甲淡黄色，喉盾较厚且较突出，腹甲后缘缺刻。头部灰褐色（幼体呈淡黄色），头部鳞片较小，上喙钩形。四肢淡灰褐色，有大鳞片。尾短，股部具 2～3 枚棘鳞。

（1）生活习性　苏卡达陆龟栖息于沙漠周边或热带草原等开阔干燥的地域。杂食性，但以植物性为主，多肉植物、青草、植物茎叶等都是它的食物。人工饲养条件下，喜食各种瓜果蔬菜，如空心菜、卷心菜、胡萝卜和西瓜等。无冬眠期。

（2）行为习性　苏卡达陆龟性情温和，反应敏捷，攻击能力弱。

（3）生长　苏卡达陆龟的生长速度较快。背甲长 10 厘米、重200 克的幼龟，经过 3 年饲养（环境温度保持 25℃以上，每天喂食），背甲长可达 35 厘米，体重 9 千克。

(4) 繁殖习性　雌雄鉴别：雄龟腹甲凹陷，背甲边缘翻卷程度较大，肛孔距背甲边缘较远；雌性腹甲平坦，背甲边缘翻卷程度较小，肛孔距背甲后缘较近。

性成熟期为 4～7 年。每次产卵 1～17 枚，产卵量与龟体型大小有关。卵呈白色圆球形，直径为 41～44 毫米。孵化期为 90～150 天。

83 缅甸陆龟生物学特性是什么？

拉丁名：*Indotestudo elongate*。

英文名：Elongated Tortoise

别名：黄头象龟、象龟、红鼻陆龟等。

分布：国内分布于广西；国外分布于巴基斯坦、印度、尼泊尔、老挝、马来西亚、泰国、柬埔寨、缅甸和越南。

形态特征：背甲淡黄色带有黑色杂斑纹，背甲呈长椭圆形，高拱，中央略平坦；腹甲黄色带有黑色杂斑纹，腹甲后缘缺刻较深；头部黄色，上喙钩形；四肢黄色，具大块鳞片，前肢 5 爪、后肢 4 爪；尾短。末端具角质状尾爪。

(1) 生活习性　缅甸陆龟属亚热带的陆栖龟类，栖息山地、丘陵及灌木丛林中。对环境温度敏感，环境温度 22～33℃时，活动量大，捕食能力强；17～20℃时，食量减少，少活动；12～15℃时，若吃食物，有不消化现象。大多数龟于 10～15℃进入冬眠，长期生活于 5～7℃环境中，有冻伤、患病现象。

(2) 食性　自然界中，以草食性为主，少量食动物性食物，如各种花、草、野果，蛞蝓及真菌等。人工饲养条件下，喜食瓜果、蔬菜、瘦肉及猪肝等。

(3) 繁殖习性　雌雄鉴别：雌龟腹甲平坦，尾短；雄龟腹甲凹陷，尾粗且长，末端角质状，尾爪大。繁殖季节，雌雄龟眼、鼻周围呈粉色。每年 5 月开始交配。雄龟紧随雌龟身后，有时雄龟也会从正面撞击雌龟，逼迫雌龟原地不动，雄龟乘势爬到雌龟身后，爬上雌龟背甲交配。性成熟期 7～9 年。海南人工户外饲养条件下，

9～12 月产卵，每次 2～3 枚，最多 7 枚。卵长径 53.5 毫米、短径 40.71 毫米。卵重 54.13 克。孵化温度 30℃，孵化期 2 个月左右。稚龟重 43.64 克，背甲长 54.24 毫米。

84 黑凹甲陆龟生物学特性是什么？

拉丁名：*Manouria emys*。
英文名：Asian Brown Tortoise
别名：黑靴陆龟、靴脚陆龟、六足龟
分布：印度、越南、缅甸、马来半岛等。

黑凹甲陆龟是陆栖，生活于低或中等的海拔地域，栖息地植物茂盛。捕食植物性食物，如树叶、蘑菇、竹笋、无花果、香蕉和一些植物茎叶；人工饲养条件下，捕食苹果、生菜、西红柿、空心菜、木瓜、草莓、西瓜、南瓜等各种瓜果蔬菜，尤其喜欢吃草莓和西瓜。在海南，20℃时可正常捕食，夏季喜早晚活动，中午躲在树阴或窝中避暑，冬季躲藏于环境温度 5～10℃时可安全越冬。雌龟腹甲平坦，尾短；雄龟腹甲凹陷，尾长且粗。人工饲养条件下，产卵时间为 4～5 月和 9～10 月。卵白色，接近圆球形，直径平均 52.5 毫米，重平均 73.4 克。孵化温度 28.9℃，孵化期 63～69 天，孵化温度 28℃，孵化期 66～71 天。

85 常见图龟属龟类生物学特性是什么？

（1）得克萨斯图龟
拉丁名：*Graptemys versa*
英文名：Texas Map Turtle
别名：花图龟、得州地图龟
分布：美国得克萨斯州中部的科罗拉多河流域。中国尚未引进。

形态特征：背甲圆形，淡棕灰色，每块盾片上均布满淡黄色细条纹，似地图状，后缘呈锯齿状。腹甲淡黄色，具棕色似地图状条纹。头部淡棕灰色，眼部后方具橘红色呈 L 形条纹和数条长短不一的细条纹。四肢棕灰色，具淡棕红色细条纹。尾短，具淡棕红色细条纹。

生活习性：得克萨斯图龟生活于小溪、河流和沼泽等地。杂食性，昆虫、水草均食。

（2）眼斑图龟

拉丁名：*Graptemys oculifera*

英文名：Ringed Map Turtle

别名：环图龟、环纹地图龟

分布：美国路易斯安那州和密西西比州的珍珠河流域。中国尚未引进。

形态特征：背甲圆形，棕青色，每块盾片中央具1个橘红色或黄色圆环。腹甲淡黄色，具棕色细条纹。头部具数条淡黄色细条纹，眼后有一长方形黄色斑纹。四肢棕红色，具黄色细条纹。尾短。

生活习性：眼斑图龟生活于沼泽、有灌木丛的潮湿地。杂食性，食昆虫、植物茎叶等。

（3）沃希托图龟

拉丁名：*Graptemys ouachitensis*

英文名：Ouachita Map Turtle

别名：斑点图龟、和纹地图龟

分布：美国明尼苏达州到西弗吉尼亚州到路易斯安那州到俄克拉荷马州中部。

形态特征：背甲棕灰色，每块盾片上具有橘红色或黄色细条纹。腹甲淡黄色，具棕色条纹。头部棕灰色，具淡黄色纵条纹，眼后具黄色长方形短条纹，由内侧一角延伸出细条纹，并延长至颈后部。四肢布满黄色纵条纹。尾短，具黄色条纹。沃希托是美国中南部一条河的名称。1953年Cagle在沃希托河中发现此龟，故名。

生活习性：沃希托图龟属水栖龟类，生活于沼泽、小河和小溪等地。杂食性，食贝类、昆虫和鱼卵等。每年5～8月为繁殖季节，每次产卵8～17枚。孵化期60～75天。

（4）地理图龟

拉丁名：*Graptemys geographica*

英文名：Common Map Turtle

别名：普通图龟

分布：加拿大、美国。

形态特征：背甲圆形，棕灰色，具淡黄色细条纹，后缘呈锯齿状。腹甲淡黄色，有棕色条纹，似地图状。头部灰色，具橘黄色或黄色细条纹，眼后方 L 形条纹被黄色细条纹包围。四肢灰色，具黄色小斑点。尾短，灰色，有黄色纵条纹。

生活习性：地理图龟生活于小河、小溪和沼泽。杂食性，食昆虫、小鱼和水草等。每年 5 月底至 7 月中旬为产卵期，每次产卵 6～10 枚。孵化期大约 75 天。

（5）黄斑图龟

拉丁名：*Graptemys flavimaculata*

英文名：Yellow-blotched Map Turtle

别名：黄斑点龟

分布：美国密西西比州的 Pascagoula 河流域。中国尚未引进。

形态特征：背甲圆形，棕灰色，每块盾片上具淡黄色斑块。腹甲淡黄色，具棕色条纹。头部青灰色，具黄色条纹，眼后方具黄色倒 L 形条纹。四肢棕青色，具数条黄色纵条纹。尾短，具黄色条纹。

生活习性：有关黄斑图龟的生活习性、繁殖习性报道较少。

（6）巴氏图龟

拉丁名：*Graptemys barbouri*

英文名：Barbour's Map Turtle

别名：眼斑图龟、蒙面地图龟

分布：美国亚拉巴马州东南 Apalachicola、Chipola 河流域，佐治亚州西南及佛罗里达州西部。中国尚未引进。

形态特征：背甲圆形，呈棕灰色，每块盾片上布满淡黄色环形条纹，椎盾盾片具突起硬嵴。腹甲淡黄色，具棕色细条纹。头部布满淡黄色细条纹，眼后方具黄色较粗斑块。四肢棕灰色，具淡黄色纵条纹前肢 5 爪、后肢 4 爪。尾较短。

生活习性：巴氏图龟生活于小溪、沼泽及有软泥的小河中。杂食性，食鱼、鱼卵和水草等。每年 7 月产卵，每次产卵 8～9 枚。卵长径 38.3～41.6 毫米、短径 27.6～30.8 毫米。

（7）密西西比图龟

拉丁名：*Graptemys kohnii*

英文名：Mississippi Map Turtle

别名：科亨氏图龟

分布：美国、中国已有引进。

形态特征：背甲圆形，棕红色（幼体），每块盾片均具有黄色细条纹，似地图状。腹甲淡黄色，具棕褐色细条纹。头部棕灰色，头颈部布满黄色细条纹，眼后具月牙形黄色细条纹。四肢棕灰色，布满黄色细条纹。尾短。

生活习性：密西西比图龟属水栖龟类，生活于清澈的河、湖中。杂食性，人工饲养条件下，喜食小鱼、黄粉虫、瘦猪肉及混合饵料。

雌龟体型大于雄龟，雌龟尾短且细；雄龟前爪长，尾粗且长。在海南省，每年 3～7 月产卵，每窝 6～7 枚。孵化温度 28～30℃，孵化期 55～68 天，稚龟重 8.23 克。

（8）卡氏图龟

拉丁名：*Graptemys caglei*

英文名：Cagle's Map Turtle

别名：图龟

分布：美国得克萨斯中南部 Guadalupe 河及圣安东尼河盆地。1999 年，国内少量引进。

形态特征：背甲圆形，黄绿色，每块盾片上布满黄色细条纹，似地图状。腹甲淡黄色，具棕色细条纹。头部深青绿色，具淡黄色条纹，眼后具较粗条纹。四肢布满黄色纵条纹，尾短。

生活习性：有关卡氏图龟的生活习性、繁殖习性报道较少。

（9）花斑图龟

拉丁名：*Graptemys nigrinoda*

英文名：Black-knobbed Map Turtle

别名：黑瘤地图龟

分布：分布美国亚拉巴马州和密西西比州的 Black Warrior 河、Tombigbee 河及亚拉巴马河流域盆地。国内尚未引进。

形态特征：图龟属中体型较小的一种，最大背甲长为15厘米。背甲圆形，棕灰色，每块盾片具橘红色或黄色圆环。腹甲淡黄色，具棕黑色细条纹，似地图状。头部黑色，具淡黄色细条纹，眼后条纹为L形。四肢棕黑色，具淡黄色细条纹。尾短。

生活习性：花斑图龟是一种小型水栖龟，最大背甲长达19.1厘米。杂食性，以动物性饵料为主，成体龟也食少量植物。适宜水温23～28℃，水温15℃以下冬眠，5℃以下深度冬眠。雄龟性成熟需要4年，雌龟性成熟需要5～6年。每年4～7月产卵，产卵2～3次，每次产卵5～8枚，孵化期60天左右。

86 牟氏水龟、石斑水龟和木雕水龟生物学特性是什么？

（1）牟氏水龟

拉丁名：*Clemmys muhlenbergii*

英文名：Bog Turtle

别名：沼泽龟

分布：美国。

形态特征：牟氏水龟体型较小，背甲长通常为11.5厘米，呈长椭圆形，背甲颜色随年龄的增长由棕褐色逐渐加深，变为黑褐色。腹甲黑色，有一些淡黄色杂斑纹，腹甲后缘中央缺刻较深。头和颈部均为黑褐色，头后部有淡黄色或橘黄色大块斑纹，上喙中央∧形。四肢背部黑褐色，无任何斑点。腹部淡黄色或橘红色。指、趾间具蹼。尾短。

生活习性：牟氏水龟生活于沼泽、清澈并有软泥的溪流底。杂食性，食植物、昆虫等。每年5～7月产卵，每次产卵4～18枚。

（2）石斑水龟

拉丁名：*Clemmys marmorata*

英文名：Pacific Pond Turtle

别名：斑石龟

分布：美国。

形态特征：背甲椭圆形，呈橄榄绿色或黑褐色，背甲中央具放射状花纹。腹甲长方形，呈淡黄色，具黑色斑块，腹甲前缘平滑，后缘中央缺刻。头颈部为灰色，具淡黄色杂斑块，头侧部具网状斑纹。四肢灰色，有黄色杂斑纹。尾短，灰色。

生活习性：石斑龟属水栖龟类，生活于较大的河流、湖泊。杂食性，以藻类、水草、无脊椎动物、鱼类及蛙类为食。每年 4～8 月产卵，每次产卵 3～11 枚。卵长径 30～42.6 毫米、短径 18.5～22.6 毫米。孵化期为 70～80 天。

（3）木雕水龟

拉丁名：*Clemmys insculpta*

英文名：Wood Turtle

别名：森石龟、森林水龟

分布：美国。

形态特征：背甲圆形，呈棕褐色，每块盾片上具黑色放射状花纹，年轮极明显，背甲后部缘盾呈锯齿状。腹甲淡黄色，每块盾片上均有大块黑色斑块，腹甲后部边缘缺刻较深。头部呈棕褐色，上喙不呈钩状。颈部呈棕红色。四肢呈棕红色，前肢 5 爪、后肢 4 爪。尾短，黑色。

生活习性：木雕水龟属水栖龟类，栖息于森林内的河流及周边陆地。杂食性，以植物叶及小型动物为食。每年 5～7 月为产卵期，每次产卵 4～18 枚。卵长径 30 毫米左右、短径 26 毫米左右。

87 伪龟属的龟生物学特性是什么？

（1）亚拉巴马伪龟

拉丁名：*Pseudemys alabamensis*

英文名：Alabama Red-bellied Turtle

别名：红肚龟、红肚甜甜圈

分布：美国亚拉巴马州、莫比尔湾。1999 年，我国少量引进。

形态特征：背甲椭圆形，以绿色为主，每块盾片上有黄色与绿色相互镶嵌的细条纹（成体背甲颜色暗淡，花纹模糊）。腹甲橘红色，有对称黑色斑点。头部绿色，具黄色细条纹分布。四肢绿色，黄色细条纹散布其间。尾短，绿色。

生活习性：亚拉巴马伪龟属水栖龟类，生活于沼泽、溪流和河等地。人工饲养条件下，杂食性，食鱼、瘦猪肉、虾肉及菜叶等。

（2）纳氏伪龟

拉丁名：*Pseudemys nelsoni*

英文名：Florida Red-bellied Turtle

别名：佛罗里达红肚龟、纳尔逊氏伪龟

分布：分布于美国佛罗里达州及佐治亚州东南。1999 年，国内市场上引进有极少量出售。

形态特征：背甲椭圆形，绿色，每块盾片（除缘盾外）中央具黄色粗条纹，周围有黄色和绿色细条纹镶嵌。腹甲淡黄色（稚龟为橘红色），无任何斑点。头部绿色，头顶中央具一较粗且短的纵条纹，自头顶前端有一黄色条纹，经头侧部，延伸至颈部。四肢绿色，黄色粗条纹镶嵌其间。尾短，绿色与黄色镶嵌。

生活习性：纳氏伪龟生活于池塘、沼泽等地。杂食性，水草、蠕虫等均食。全年均可繁殖，每次产卵 2～12 枚。卵长径 37～47毫米、短径 19～26 毫米。孵化期 60～75 天。

（3）佛罗里达伪龟

拉丁名：*Pseudemys floridana*

英文名：Common Cooter

别名：黄肚伪龟、黄肚甜甜圈

分布：美国。

形态特征：背甲椭圆形，绿色，第二枚肋盾上有一较宽的横向条纹，背甲后缘不呈锯齿状。腹甲黄色，有一些黑色斑点或斑纹。

头部绿色，有黄色细条纹条纹，上喙中央没有缺口。四肢绿色，有黄色纵条纹。尾短，绿色与黄色相互镶嵌。

生活习性：佛罗里达伪龟背甲长可达 40 厘米，是淡水龟中较大的一种。生活于湖、河、池塘等地。杂食性，食鱼、贝类、昆虫和水草等。每年 5～7 月为繁殖季节，每次产卵 2～29 枚，可分批产卵。卵长径 29～40 毫米、短径 22～27 毫米。孵化期 70～100 天。稚龟背甲长 27～33 毫米。

（4）河伪龟

拉丁名：*Pseudemys concinna*

英文名：River Cooter

别名：河龟、甜甜圈

分布：墨西哥东北部到美国东南部。

形态特征：背甲绿色，每块盾片上布满黄色与绿色镶嵌的条纹（幼体背甲上的花纹似 C 形）。腹甲黄色，有黑色斑纹。头部绿色，黄色条纹较粗。四肢绿色，布满黄色粗条纹。尾短。

生活习性：河伪龟生活于河、湖泊、沼泽和池塘等地。食贝类、甲壳类、鱼类及藻类。人工饲养条件下，喜食瘦肉、鱼及蔬菜叶。每年 5～7 月为繁殖季节，每次产卵 1～9 枚。卵长径 33～43 毫米、短径 22～33 毫米。

88 黄耳彩龟和黄肚彩龟生物学特性是什么？

（1）黄耳彩龟

拉丁名：*Trachemys scripta scripta*

英文名：Yellow-bellied Slider

别名：黄彩龟、黄肚龟、黄龟、黄耳龟

分布：美国

形态特征：背甲绿色，具无数淡黄色与黑色镶嵌的纵条纹。腹甲与红耳彩龟花纹相似。头部绿色，具淡黄色纵条纹，眼后有 1 条淡黄色宽条纹。四肢绿色，具淡黄色纵条纹。尾短，黄绿色条纹相互镶嵌。

生活习性：黄耳龟是彩龟属的 16 个亚种之一。属水栖龟类。生活于河、湖和池塘等地。杂食性，人工饲养条件下，食鱼、虾、蝇蛆、水蚯蚓及菜叶等瓜果蔬菜，也食人工混合饵料。黄耳彩龟每年4～7 月产卵，每次产卵 2～15 枚，体大者可产更多的卵，可分批产卵。孵化温度 28～30℃，孵化期 60～80 天，稚龟体重 4～8 克，背甲长 30～40 毫米。

（2）黄肚彩龟

拉丁名：*Trachemys scripta troosti*

英文名：Cumberland Slider

别名：巴西彩龟、彩龟

分布：美国

形态特征：背甲椭圆形，绿色，每块盾片上镶嵌大小不一且不规则的黄色条纹和斑块。腹甲上无韧带，呈淡黄色，具黑色圆点或斑块。头部绿色，眼后具 1 条黄色较粗纵条纹，眼下具黄色细条纹，且与下颌处的条纹相连，上喙中央具∧字形。四肢绿色，具黄色细条纹。指、趾间具爪，前肢 5 爪、后肢 4 爪。尾短，绿色且有黄色细条纹。

生活习性：黄肚彩龟属水栖龟类，栖息于大型河川中。杂食性，但肉食性较强。繁殖季节每次产卵 17 枚左右。卵长径 41 毫米左右、短径 27 毫米左右。

89 缅甸沼龟和印度沼龟生物学特性是什么？

（1）缅甸沼龟

拉丁名：*Morenia ocellata*

英文名：Burmese Eyed Turtle

别名：草龟、缅甸孔雀龟

分布：缅甸南部。

形态特征：背甲黑色，椭圆形，中央隆起，每块盾片上具马蹄状黑斑。腹甲黄色，无任何斑点。头部黑色，头顶、侧面具白色纵条纹，且延伸至颈部。四肢褐色，具鳞片，指、趾间具蹼。尾短黑色。

生活习性：有关缅甸沼龟的生活习性、繁殖习性报道较少。饲养条件下，食瘦猪肉、鱼肉等。

（2）印度沼龟

拉丁名：*Morenia petersi*

英文名：Indian Eyed Turtle

别名：印度龟、孔雀龟、印度孔雀龟

分布：孟加拉国、印度。

形态特征：背甲黑褐色，椭圆形，中央嵴棱间断，背甲缘盾边缘为黄色。头部灰褐色，头侧有淡黄色条纹，经吻部通过眼睛延伸至颈部，上喙有细小锯齿。腹甲黄色，无任何斑点。四肢褐色，外侧具淡黄色条纹，指、趾间具蹼。尾短，黑色。

生活习性：有关印度沼龟的生活习性、繁殖习性报道较少。

90 东方龟属的龟生物学特性是什么？

东方龟属（*Heosemys*）有4种。分布于缅甸、越南、马来西亚、苏门答腊、婆罗洲、爪哇和菲律宾。主要特征：背甲椎盾较平，呈六边形，中央通常有1~2个嵴棱，背甲后缘具强烈锯齿。背甲与腹甲间、胸盾与腹盾间无韧带。多数龟的腹甲具放射状花纹。

（1）大东方龟

拉丁名：*Heosemys grandis*

英文名：Giant Asian Pond Turtle

别名：东方龟、锯龟、亚洲巨龟、巨型山龟、东方巨龟

分布：老挝、柬埔寨、越南、马来西亚。

形态特征：背甲棕色，中央嵴棱明显，背甲后缘呈锯齿状。腹甲淡黄色，具放射状花纹。头部棕色，具橘红色碎小斑点，上喙W形。四肢棕色，具鳞片，指、趾间蹼发达。尾短。

生活习性：大东方龟属大型水栖龟类。生活于湖泊、小河及沼泽地。杂食性，惧寒冷。人工饲养条件下，喜食瓜果蔬菜、植物茎

叶、家禽内脏及瘦猪肉，如香蕉、黄瓜、苹果、白菜、猪肝、鱼和虾等。人工混合饲料也食。在自然界，每年8～10月为产卵期。人工饲养条件下，重5.15千克的龟于1～3月和12月有产卵的现象，每次产卵2～10枚，卵重52.7～61.8克。卵长径52.5～63毫米、短径32.4～40毫米。国内已饲养繁殖。

（2）锯缘东方龟

拉丁名：*Heosemys spinosa*

英文名：Spiny Turtle

别名：太阳龟、刺东方龟、多刺龟、蜘蛛巨龟

分布：泰国、缅甸、马来西亚、印度尼西亚。

形态特征：幼体背甲橘红色，圆形，幼龟每块缘盾呈强烈锯齿状，似太阳射出的光芒，中央具明显嵴棱。腹甲平坦，每块盾片上具放射状花纹。头部橘红色，喙呈钩形。四肢橘红色，背部具鳞片，指、趾间具蹼。尾短。

生活习性：锯缘东方龟属水栖龟类，但幼体多喜生活于半水栖的环境中。杂食性。

（3）森林东方龟

拉丁名：*Heosemys silvatica*

英文名：Cochin Forest Cane Turtle

别名：科钦森林龟、森林龟

分布：仅分布于印度西南部的科钦。

形态特征：背甲呈深橘黄色，椭圆形，中央具3条嵴棱，中央1条较长，背甲后缘呈锯齿状。腹甲较宽，呈淡橘黄色，胸盾和腹盾上有淡褐色斑纹，腹甲后缘缺刻较深。甲桥较长，腋盾和胯盾很小。头部呈深黄色，上颚呈钩形，吻端有红色小斑点，头后部和颈部呈褐色。四肢淡褐色，指、趾间略有蹼，爪很发达。尾短呈淡褐色。

生活习性：森林东方龟是稀有的龟种。它体型小，通常为13厘米左右。生活于森林中的陆地，喜夜晚和清晨活动。野生的森林东方龟为杂食性，以水果和甲虫、千足虫和软体动物为食。据

Henderson 在 1912 年报道，人工饲养条件下的森林东方龟为植物性。每年的 10 和 11 月为繁殖季节。雄龟在繁殖季节的头顶部为红色;雌龟每次产卵2枚,卵长径 44~45 毫米、短径 22.5~23.5 毫米。

（4）锯齿东方龟

拉丁名：*Heosemys depressa*

英文名：Arakan Forest Turtle

别名：扁东方龟

分布：中国云南西部、缅甸。

形态特征：锯齿东方龟体型较大，雌性成体通常达到 26.3 厘米左右，雄性为 25.8 厘米左右。背甲橙黄色，每块盾片上有黑色不规则黑斑，颈盾细长，中央有 1 条嵴棱，背甲前缘中央凹陷较深，后缘成锯齿状。腹甲橙黄色，有黑色大块黑斑，腹甲前半叶较宽，后半叶较窄。甲桥黑色，有腋盾和胯盾。头部黑色或褐色，上喙中央呈∧形缺刻，缺刻两侧有细小的锯齿，虹膜棕色，头顶后部有鳞片。四肢灰褐色，鳞片覆盖，指、趾间半蹼。尾灰褐色，雄性尾较长，雌性尾较短。

生活习性：据 Iverson 和 McCord 于 1997 年报道，喜欢生活于水深仅 2~3 米较大的水塘，水温 25℃左右。人工饲养条件下，投喂香蕉、莴苣、草莓、蠕虫、小白鼠乳仔。

91 拟水龟属的龟生物学特性是什么？

拟水龟属（*Mauremys*）的主要特征：背甲与腹甲间借骨缝相连，背甲中央具 3 条嵴棱，后部缘盾具锯齿，上喙中央呈∧形。

（1）黄喉拟水龟

拉丁名：*Mauremys mutica*

英文名：Asian Yellow Pond Turtle

别名：石龟、水龟、黄板龟、黄龟、柴棺龟

分布：国外分布日本、越南;中国分布于安徽、福建、台湾、江苏、广西、广东、云南、海南、江西、浙江、湖北和香港。

主要特征：背甲椭圆形，棕黄色，中央具 1 条嵴棱，背甲后部边缘呈锯齿状。腹甲黄色，每块盾片上具黑色斑点（有部分龟的腹甲上无黑斑，民间称之为"象牙板"）。腹甲前端向上翘，后缘缺刻较深。头小，头顶部淡橄榄色且较平滑，吻前端内斜达喙缘，头侧具黄色条纹，且延伸至颈部，喉部淡黄色，故名黄喉拟水龟。四肢背面灰褐色，腹面淡黄色，指、趾间具蹼。尾短。

生活习性：黄喉拟水龟栖息于丘陵地带及半山区的山间盆地和河流等水域中，也常到灌木丛林、稻田中活动。白天多在水中嬉戏、觅食。黄喉拟水龟为杂食性，取食范围广。在野外食昆虫、节肢动物和环节动物等，也食泥鳅、田螺、鱼、虾、小麦、稻子和杂草等。人工饲养条件下，食家禽内脏、猪肉和混合饲料等。在自然界，每年4～10月为交配期，5～9月为产卵期，每次产卵1～5枚。卵长径40毫米左右、短径21.5毫米。卵重11.9克左右。孵化期62～75天。稚龟重6.3克左右。

除乌龟外，在我国龟类中，黄喉拟水龟分布最广、数量最多。民间将产于中国的黄喉拟水龟称为"中国种"；产于越南的黄喉拟水龟称为"越南种"。是否是亚种，有待进一步研究。

（2）里海拟水龟

拉丁名：*Mauremys caspica*

英文名：Caspian Turtle

别名：黑拟水龟、里海泽龟

分布：土耳其、以色列、保加利亚、希腊、塞浦路斯、叙利亚、沙特阿拉伯、伊朗和伊拉克等。

形态特征：背甲黑色，长椭圆形，背甲前后缘不呈锯齿状。腹甲黑色，无韧带。头侧面具黄色粗条纹，延伸至颈部，上喙呈∧形，颈部为褐色。四肢黑色，指、趾间具蹼。尾短。

生活习性：里海拟水龟是水栖龟类，以动物性饵料为主。每年6～7月为繁殖季节，每次产卵4～6枚。卵长径35～40毫米、短径20～30毫米。

（3）日本拟水龟

拉丁名：*Mauremys japonica*

英文名：Japanese Turtle

别名：日本石龟

分布：日本的本州岛、九州岛和四国岛。

形态特征：年龄小的龟背甲棕黄色，年龄大的龟背甲为黑色。背甲长椭圆形，仅有唯一的嵴棱，嵴棱为黑色，背甲后缘呈锯齿状。腹甲黑色，平坦，前缘向上翻转，后缘缺壳较大。甲桥黑色。头部淡橄榄色，头侧面有黑色斑点，但没有淡色纵条纹。四肢和尾部灰褐色，指、趾间具蹼。

生活习性：日本拟水龟生活在池塘、小河、沼泽和水塘等水域。喜温暖环境，25℃正常吃食，15℃以下冬眠。肉食性，各种肉类、小昆虫及饲料都是它们的食物。秉性柔顺，无攻击行为。

雌雄鉴别：雌龟腹甲中央平坦，尾短；雄龟腹甲中央凹陷，尾长且粗。

生活习性：幼龟需经过3～5年才能性成熟。每年5～6月产卵，每次产卵5～8枚。卵呈白色，长椭圆形，硬壳。孵化期70天左右。

其他：日本拟水龟是日本特有种之一。上喙中央∧字形缺刻和延长至眼睛后部的弧形喙缘，使它永远笑脸相迎来自八方的宾客。

生殖习性：每年4～10月为交配期，5～9月为产卵期，每次产卵1～5枚。卵长径40毫米、短径21.5毫米。卵重11.9克。孵化期62～75天。稚龟重6.3克左右。

92 地龟生物学特性是什么？

拉丁名：*Geoemyda spengleri*

英文名：Black-breasted Leaf Turtle

别名：金龟、十二棱龟、枫叶龟、树叶龟、黑胸叶龟

分布：国内分布于广东、广西、海南和湖南；国外分布于越南和老挝。

形态特征：地龟为小型龟类，背甲长90～110毫米，体重200～450克。头短小，头顶部光滑无鳞，吻尖而窄，吻端垂直向

下，上喙钩形，眼睛大。背甲呈枫叶状，微隆起，具3条嵴棱，前后缘均呈锯齿状，后缘锯齿强烈。腹甲前缘凹，后缘缺刻，无腋盾和胯盾。四肢略扁，具鳞，且鳞末端突出，指、趾间蹼极少。尾背部具两行矩形鳞。头部浅棕色，头侧具浅黄色条纹，并延伸至颈部。背甲橘黄色（有些个体橘红色），趋于黄褐色。腹甲黄色，中央具棕黑色斑纹。头、颈、四肢、尾接近浅棕色，趋于褐色，散布橘红色条纹或黑色小斑纹。

生活习性：栖息于山中溪流、水塘附近，半水栖。人工饲养条件下，喜阴凉潮湿环境，惧强光，怕高温干燥。杂食性，喜食活食，如蟋蟀、黄粉虫和蚯蚓等，也食西红柿、香蕉和草莓等瓜果。性成熟期不详。2～10月均有产卵现象，每窝1～3枚，通常2枚。卵细长，长椭圆形，白色，硬壳。孵化温度25～30℃，孵化期65～73天。稚龟背甲长29.5～41毫米，重4.3～15.3克。

目前，市场上地龟多数来自东南亚国家，属野外捕捉。地龟是我国二级保护动物，但仍有较多的地龟被出售，应加强监管力度。

93 日本地龟生物学特性是什么？

拉丁名：*Geoemyda japonica*
英文名：Okinawa black-breasted leaf turtle
别名：十二棱龟、枫叶龟、树叶龟
分布：日本。
生活习性：日本地龟喜欢躲藏在阴暗、潮湿的石块旁，也喜欢栖居在树叶下。喜暖怕寒，气温18℃左右停食，随气温逐渐降低进入冬眠状态；气温28℃时较适宜。成龟性情温和，胆大，不羞怯。
雌雄鉴别：雄龟尾粗且长，泄殖腔孔位于背甲后缘之外；雌龟尾短，泄殖腔孔位于背甲后缘之内。
其他：日本地龟是日本的特有种。它与地龟的外部形态较相似，但日本地龟有腋盾，地龟无腋盾。

94 斑点水龟生物学特性是什么？

拉丁名：*Clemmys guttata*

英文名：Spotted Turtle

别名：斑点龟、星点水龟

分布：美国佛罗里达州北部和加拿大东南部。

生活习性：属亚热带龟类，喜暖怕寒。对水温要求较高，适宜水温为22℃左右；水温18℃以上能正常进食；水温15℃以下则出现停食现象，随水温降低进入冬眠阶段。杂食性。在自然界，食贝类、植物茎叶、昆虫和鱼类。人工饲养条件下，食黄瓜、菜叶、瘦猪肉、小鱼、虾及家禽内脏等。斑点池龟性情温和活跃，适应新环境能力较强，易驯服。

雌雄鉴别：雌龟腹甲平坦，斑点池龟幼体尾短；雄龟腹甲中央凹陷，尾基部粗且长。

生殖习性：5～6月产卵，每次产卵10～40枚。卵平均长径58.2毫米、平均短径28.7毫米，平均重量20.7克。

其他：斑点水龟体色以黑色为主，散布白色或黄色斑点，似夜空中闪亮的星星，观赏性强，深受养龟者喜爱。斑点水龟的野生数量较少，已被《濒危野生动植物种国际贸易公约》列为附录Ⅱ物种。

95 黑颈乌龟生物学特性是什么？

拉丁名：*Mauremys nigricans*

英文名：Chinese Red-necked Pond Turtle

别名：广东乌龟、广东草龟

分布：国内分布于广东、广西、海南；国外分布于越南。

形态特征：头部宽大，达背甲宽度的1/4或1/3，吻略突出，内切。背甲椭圆形，中央具嵴棱，无侧棱，前后缘不呈锯齿状。腹甲前缘平直，后缘缺刻深，背甲与腹甲间借骨缝相连，甲桥明显，具腋盾和胯盾。四肢扁平，具鳞，指、趾间有蹼。尾细短。头顶部黑色，头侧具黄绿状蠕虫状纹和纵条纹，纵条纹延伸至颈部，咽部淡黄色，具灰黑色杂斑纹。背甲黑色，趋于棕黑色或黑褐色。腹甲黄色，趋于棕黄色，具黑色斑块，年老个体黑斑面积增大。四肢、尾灰黑色。

生活习性：栖息于山区、丘陵的溪流、水塘。人工饲养条件下，10℃以下深度冬眠；水温15～20℃时进入冬眠；水温20℃以上可捕食；水温25～32℃是适宜温度。杂食性，偏爱动物性食物，鱼肉、虾、牛肉、鸡肉、菜叶和香蕉等均食。性成熟期6～8年。在广东，5～6月产卵，分批产卵，每次产卵8～9枚，最多达12枚。卵白色，硬壳，长椭圆形，卵平均长径46.2毫米、平均短径24.1毫米。卵平均重8.4克。孵化温度30℃，孵化期60～65天。稚龟背甲长43毫米，重8～11克。黑颈乌龟行动笨拙，爬行缓慢，性情温和，不主动伤人。

雌雄鉴别：雌龟体型较大，头部、四肢、腹甲黑色或褐色，尾细，泄殖腔孔位于背甲后缘之内；雄性体型小，头顶部黑色，掺杂少量红色，颈部、腋窝、胯窝和腹甲具红色或橘红色，尾长且粗，泄殖腔孔位于背甲后缘之外。

96 乌龟生物学特性是什么？

拉丁名：*Mauremys reevesii*。

英文名：Chinses Three-keeled Pond Turtle。

别名：中华草龟、金线龟、草龟、香龟和金龟。

分布：我国广东、广西、贵州、云南、陕西、甘肃、四川、福建、湖南、湖北、江西、浙江、江苏、安徽、河南、河北、山东、中国香港和中国台湾；国外分布于日本、朝鲜、韩国。

乌龟是中国龟类中分布最广、数量最多的一种，也是目前人工养殖规模最大、年繁殖量最高的种类，是我国传统的水产品之一。

（1）形态特征　背甲棕色（雄性为黑色），呈椭圆形，背甲中央隆起（幼体有3条嵴棱），颈盾前宽后窄。腹甲棕灰色（雄性为黑色），每块盾片具大块黑色斑，后缘缺刻较深。头部橄榄绿色（雄性为黑色），上喙不呈钩状，眼后至颈侧具黑色、黄绿色相互镶嵌的纵条纹 3 条。四肢灰褐色，扁平，指、趾间具爪。尾短。

（2）生态习性　属水栖龟类。生活于江河、湖泊、溪流和池塘中，喜群居。人工饲养条件下，常见许多龟堆积在一起。环境温度15℃左右能取食。随着环境温度的上升，食量增大；环境温度10℃左右进入冬眠。

乌龟的食性为杂食性。鱼、虾、螺及瓜果蔬菜等能捕食，但偏爱吃动物性食物。人工饲养条件下，投喂小鱼、家禽内脏等下脚料，大型养殖场投喂混合饵料。

（3）繁殖习性　乌龟的性成熟年龄需 6～7 年，但人工饲养条件下，采取温室饲养 3～4 年后也能成熟。

①雌雄鉴别：雌性体型大，体重可达 1 500 克，背甲棕色，接近棕黄色，头部青橄榄色，头侧具黄绿色蠕虫状和纵条纹，尾细，泄殖腔孔位于背甲后缘之内；雄性体型小，150 克左右时，通体黑色，眼睛也为黑色，尾粗，泄殖腔孔位于背甲后缘之外。

②繁殖习性：每年 4～10 月为繁殖期，每次 1～5 枚，可分批产卵。产卵时间多在黄昏或黎明。孵化期受温度影响较大，通常为57～75 天。稚龟性别受孵化温度约束，孵化温度 25℃时，稚龟多为雄性；孵化温度 28℃时，稚龟多为雌性。

（4）与养殖有关的某些生物学特点

①环境温度与乌龟的体温：有学者研究了乌龟体温与环境温度的关系（王培潮，2000）。他们将乌龟分别暴露在不同的环境温度中，24 个小时后测量体温。经研究结果表明，乌龟的体温是随着环境温度升高而升高。也就是说，乌龟的体温是受环境温度制约的。乌龟的体温与环境温度热能交换的平衡点在 15～20℃。当乌龟处在热平衡点以上环境温度时，其体温随着环境温度而上升，但略低于环境温度；但它们处在热平衡点以下环境温度时，体温随着环境温度下降而下降，但略高于环境温度。由此可知，乌龟的体温虽然受环境温度制约，但仍有一定的生理调温能力。

②乌龟的体温调节机制：乌龟能通过行为与心血管系统来调节体温。观测发现，乌龟在冷环境时的体温下降速率与体型大小有关。个体越大，体温下降速度比个体小者缓慢。

③不同越冬场所龟体损耗量比较：乌龟越冬期间龟体耗损量较大。研究发现，不同越冬场所龟体损耗量不同。在陈水淤泥内越冬者，龟体损耗量最少；玻璃瓶内的越冬者，龟体损耗量最大（张含藻，1990）。

④环境温度对幼龟仔的生长和消化的影响：不同环境温度下投喂鱼，对1龄龟和2龄龟的生长和消化都有影响。结果表明，随环境温度升高（20～30℃），幼龟生长率增加，1龄龟的消化率逐渐降低，2龄龟的消化率却基本保持一致。

乌龟已经规模化养殖，种龟存栏量超过100万只，年繁殖龟苗1 000万只以上。乌龟与黑颈乌龟、黄喉拟水龟、中华花龟、黄缘闭壳龟、日本拟水龟、安南龟、安布闭壳龟和四眼斑龟等8种龟杂交，并产生后代。

97 四眼斑龟生物学特性是什么？

拉丁名：*Sacalia quadriocellata*

英文名：Four-eye Turtle

别名：六眼龟

分布：国内分布于广东、广西、海南；国外分布于越南、老挝。

形态特征：背甲长150毫米，雌雄体型几乎一样大。头顶具1对明显的马蹄状眼斑，每个眼斑中央具1个小黑点，头背部无不规则黑色虫纹，颈部具3条纵条纹。背甲较扁平，卵圆形，中央嵴棱明显，前缘平切，后缘缺刻。腹甲前缘平切，后缘略凹。四肢扁平，前肢外侧有若干大鳞片，指、趾间具蹼。尾短细。头顶、眼斑、颈部条纹颜色因性别不同存在差异。背甲棕色趋于棕褐色。腹甲淡黄色，散步黑色小斑点。四肢淡棕色。尾灰褐色且短。雌性头顶颜色为棕色，眼斑和颈部条纹颜色呈黄色；雄性的头顶和眼斑为墨绿色，2 对眼斑外围被淡黄色条纹包围，颈部和下颌条纹为红色。

生活习性：栖息于山区溪流环境，偏向于海拔 500 米以下的生态环境。在海南，野外的四眼斑龟食性的季节差异较大，夏秋季节，食物中较少有水绵，大果榕的果实是其主要的食物。人工饲养条件下，四眼斑龟杂食性，食小鱼、瘦猪肉和肝等，少量胡萝卜、黄瓜及混合甲鱼饲料。水温 35℃ 以上时，傍晚趴于岸边；水温 18℃ 左右游动，随水温降低，活动量逐渐减少；水温 13℃ 逐渐进入冬眠；10℃ 进入深度休眠。性成熟期 9 年左右。加温饲养条件下，12 月和翌年 1 月，水温 22℃ 和 24℃ 时，有追逐现象。四眼斑龟 4～5 月产卵，每窝 2～3 枚，可分批产卵。卵长径 14.58～16.34 毫米、短径 20.2～24.9 毫米，卵重 14.1～16.8 克。孵化温度 25～30℃，孵化期 60～62 天。稚龟重 10.1～13.8 克。

四眼斑龟尚未大量人工繁殖，市场出售的龟多为野外捕捉。目前仅有少量养殖，年繁殖量大约 250 只。四眼斑龟虽观赏价值较高，但雌性四眼斑龟在繁殖季节会发出一种狐臭异味，被拿起时龟会突然撒尿（是一种自卫方式），若用手拿龟，手上的异臭味难消除。

98 眼斑龟生物学特性是什么？

拉丁名：*Sacalia bealei*

英文名：Chinese Eye-spotted Turtle

别名：眼斑水龟

分布：国外尚未见报道。中国分布于广东、福建、广西、贵州、海南、中国香港、江西和安徽。

形态特征：背甲棕红色或棕色，密布黑色细小斑点或斑纹。背甲呈椭圆形，背甲光滑，背甲中央无峰棱，后缘不呈锯齿状。腹甲淡黄色，具黑色斑点或斑纹。头顶有 2 对眼斑，且密布黑色虫纹或黑点，颈部具数条粗细不一的黄色（雄性为红色）条纹。四肢背部灰褐色，腹部黄色，指、趾间具蹼。尾短。

生活习性：眼斑龟属水栖龟类。生活于低山、丘陵、山涧的溪流和水质较清澈的区域。杂食性，人工饲养条件下，食鱼、虾、蚯蚓和龟饲料。喜晒太阳，适宜水温24～26℃，水质的pH中性至略酸性；8～10℃活动减少，随水温降低，逐渐进入冬眠。性成熟期9年左右。5月开始产卵，每窝产卵2～3枚。卵长径33～41.5毫米、短径19～20毫米。卵重7～11克。孵化温度27～31℃，孵化期间最低温度20～23℃，孵化期大于90天。稚龟背甲长38～39毫米，重9克。

该种龟仅见少量爱好者养殖，国内未见繁殖报道；国外已有繁殖记录。

99 中华花龟生物学特性是什么？

拉丁名：*Mauremys sinensis*

英文名：Chinese Stripe-necked Turtle

别名：花龟、台湾草龟、斑龟、珍珠龟、六线草、美女龟

分布：国内分布于广东、广西、海南、台湾、江西；国外分布于越南、老挝。

形态特征：头较小，头背部光滑无鳞，上喙呈∧形，喙缘有细小锯齿。背甲椭圆形，嵴棱3条（幼体明显），后缘不呈锯齿状。腹甲前缘平后缘缺刻。腋盾和胯盾较大，无下缘盾。四肢扁平，指、趾间具蹼。尾短，末端尖细。头、颈、四肢、尾的背部和背甲呈栗黑色或黑褐色。头顶具2～3条∧形黄绿色镶嵌细纹，延伸至枕部，头侧和颈部具4条以上黄绿色镶嵌的纵条纹。腹甲棕黄色或淡黄色，每块盾片上有大块黑斑块。四肢和尾有黄绿色镶嵌的纵条纹。

生活习性：天气好时，中华花龟特别爱"晒壳"。水温10℃左右时，进入冬眠期；水温15℃左右少食或停食，略有爬动；水温20℃左右能活动、进食；水温22℃以上活动量、食量增大。杂食性，以果实、昆虫、鱼和蠕虫为主。人工饲养条件下，捕食各种肉类和瓜果，如鱼肉、猪肉、牛肉、猪肝、木瓜和西红柿等，也食鳗

和甲鱼饲料。中华花龟性情和善、胆小，经驯化易接近人。

雌雄鉴别：雌龟较大，体重通常在 2 000 克左右，泄殖腔孔位于背甲后部边缘内；雄龟较小，体重通常小于 800 克，尾部粗且长，泄殖腔孔位于背甲后部边缘外。

生殖习性：人工饲养条件下，4 年左右性成熟，雄龟背甲超过 100 毫米已有两性特征。在海南，每年 2 月中旬前后产卵，每窝 2~20 枚。卵长椭圆形，卵长径 29.6~39 毫米、短径 18.4~22.2 毫米。卵重 6.2~10 克。孵化温度 28~30℃，孵化期 60 天左右。稚龟重 6.6 克，背甲长 32.3 毫米、宽 28.5 毫米。该种龟已经规模化养殖，年繁殖量可达几百万只。

其他：中华花龟幼体缘盾的腹面具黑色斑点，似一粒粒珍珠，故又名珍珠龟。中华花龟已能大量人工繁殖，尤其在我国台湾地区人工繁殖量较大。

100 马来巨龟属的龟和马来龟属的龟生物学特性是什么？

（1）马来巨龟属（*Orlitia*）　本属仅 1 种。主要特征：背甲黑褐色。腹甲淡黄色，无任何斑点（幼体有棕褐色斑块）。头部黑色，眼睛大，吻钝，上颚骨齿槽较宽，没有中央嵴。

马来巨龟

拉丁名：*Orlitia borneensis*

英文名：Malaysian Giant Turtle

别名：黑龟、山龟、马来西亚巨龟、泽巨龟

分布：马来西亚、婆罗洲、苏门答腊。

形态特征：背甲黑色，椭圆形，中央无嵴棱，后缘不呈锯齿状。腹甲淡黄色（幼体腹甲上具棕褐色斑纹），腹甲后部缺刻较深。头顶部、颈部黑褐色，上喙略钩状，眼睛较大，喉部、颈部腹面淡黄色。四肢背部黑褐色，腹面淡黄色，侧面具大块鳞片，指、趾间具发达蹼。尾黑色且短。

生活习性：马来巨龟属水栖龟类。生活于江河、湖及水潭。杂食性，食植物茎叶、花果等，也食小鱼、虾、蛙和一些水生昆虫。人工饲养条件下，食瘦猪肉、龙虾、小鱼、家禽内脏、牛肉、黄瓜、苹果等瓜果蔬菜。每年5～10月产卵，在人工加温饲养条件下，12月至翌年3月也有产卵现象。卵长径60～80毫米，短径35～43毫米。卵重46～72克。稚龟背甲长60毫米。

（2）马来龟属（*Malayemys*）　本属仅1种。主要特征：背甲黑色，背甲上3条嵴棱明显，缘盾后部呈锯齿状。腹甲黄色，具黑色斑块。头部黑色，头顶、侧面、吻部具多条乳白色或白色条纹。

马来龟

拉丁名：*Malayemys subtrijuga*

英文名：Malayan Snail-eating Turtle

别名：蜗牛龟、食蜗龟

分布：泰国、柬埔寨、越南、马来西亚、印度尼西亚（爪哇和苏门答腊）。

形态特征：幼体背甲呈长圆形，背棕黑色（成体背甲褐色，近似黑色），中央3条嵴棱明显，背甲边缘黄色或白色，背甲前后缘不呈锯齿状。腹甲黄色或白色，每块具三角形大黑斑块。头部黑色，顶部边缘有一V形白色条纹，过眼眶上部延伸到颈部，且条纹逐渐变粗。吻钝，眼部周围被白色眼线包围，似戴上一副眼镜，鼻孔处有4条白色纵条纹，自眼眶前端有一黄白色斑点，斑点下端有1条黄白色纵条纹，过眼眶下延伸到颈部，逐渐变粗。上喙中央呈Λ形，下颌中央有2条白色粗条纹，延伸到颈部，颈部呈黑色，有数条粗细不一的纵条纹。四肢黑色，边缘有黄白纵条纹，指、趾间具蹼。尾短，黑色。

马来龟生活于溪流、沼泽和稻田中。食蜗牛、小鱼、蚯蚓、蠕虫及甲壳虫等。有关马来龟的繁殖习性报道较少。人工饲养条件下，成活率较低。

101 鼻龟属的龟生物学特性是什么？

鼻龟属（*Rhinoclemmys*）有9种。分布于墨西哥北部、厄瓜多尔北部和巴西北部及特立尼达岛。主要特征：背甲略隆起，背甲中央仅具 1 条嵴棱。腹甲没有韧带。头顶部无马蹄状斑点，上颚骨齿槽面较窄。

（1）美鼻龟

拉丁名：*Rhinoclemmys pulcherrima manni*

英文名：Central American Wood Turtle

别名：森林鼻龟、木纹龟。

分布：墨西哥。

形态特征：背甲黄绿色，每个盾片上具有黑色不规则条纹，背甲缘盾后部不呈锯齿状。腹甲淡黄色，具黑色斑纹。头顶绿色，具红色细条纹，延伸至枕部，侧面自吻部出发，有 2～3 条红色条纹，至鼓膜处停止。颈部绿色，具数条红黑镶嵌的条纹。四肢棕绿色，具淡黄色或棕色鳞片，指、趾间具蹼。尾短。

生活习性：美鼻龟生活于池塘、河、湖等地。有关美鼻龟野外生活习性了解较少。人工饲养条件下，美鼻龟食鱼肉、瘦猪肉和虾肉等，少量食黄瓜。

（2）红头鼻龟

拉丁名：*Rhinoclemmys pulcherrima pulcherrima*

英文名：Guerrero Wood Turtle

别名：红鼻龟

分布：墨西哥。

形态特征：背甲黄绿色，背甲中央嵴棱明显，每块盾片上具黑色细小斑点，每块肋盾上具圆形红色斑点，外围镶嵌黑色圆环，斑点左右对称，背甲后缘不呈锯齿状。腹甲黄绿色，具黑色条纹。头顶部绿色，顶部有红色细条纹。眼眶上具 2 条红色细条纹。侧面有黑色小斑点。四肢褐色，散布橘红色斑点，指、趾间具蹼。尾短。

有关红头鼻龟的生活习性、繁殖习性不详。

（3）墨西哥鼻龟

拉丁名：*Rhinoclemmys rubida*

英文名：Mexican Spotted Wood Turtle

别名：红头木纹龟

分布：墨西哥。

形态特征：背甲最长 23 厘米，黄褐色，成体以巧克力色为主，背甲中央平坦，椎盾和肋盾上有黄色斑点，每块盾片上有明显的同心圆纹，背甲后缘略呈锯齿状。腹甲淡黄色，有黑色大斑纹。头部较小，黑褐色；头顶部和侧面有淡黄色或橘红色粗条纹且向后延伸。颈部淡黄色，有黑色细小花纹。四肢灰褐色，前肢具黄色或橘红色大的鳞片，指、趾间略有蹼。尾短。

墨西哥鼻龟有 2 个亚种。生活于矮小灌木丛林的陆地和浅水区域。以草食性为主，也食小毛虫等动物性食物。繁殖习性了解甚少。

（4）哥伦比亚鼻龟

拉丁名：*Rhinoclemmys melanosterna*

英文名：Colombian Wood Turtle

别名：哥伦比亚木纹龟

分布：巴拿马、哥伦比亚和厄瓜多尔。

形态特征：背甲最长 29 厘米，棕褐色，中央脊棱明显，每块盾片上有明显的同心圆纹，背甲后缘不呈锯齿状。腹甲淡黄色。头部较小，黑褐色；吻部向前突出；巩膜黄色或乳白色；头顶和眼睛前方具黄色或橘红色细条纹，过眼眶上方延伸至颈部。四肢灰褐色，前肢具黄色细小斑纹，指、趾间具发达的蹼。尾短。

哥伦比亚鼻龟是大型的水栖龟类，生活于大型河、湖等水域，热带草原和森林的淡水环境内也可见其踪迹。以草食性为主，也食动物性食物。有上岸晒壳习性。一年四季均可繁殖，繁殖高峰在 6～8 月和 11 月，每次产 1～2 枚椭圆形白色的卵。卵长径 48～71 毫米、短径 28～38 毫米。孵化期 85～141 天。

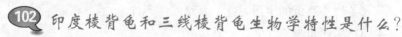

102 印度棱背龟和三线棱背龟生物学特性是什么？

（1）印度棱背龟

拉丁名：*Kachuga tecta*

英文名：Indian roofed turtle

别名：屋顶龟、棱背龟

分布：巴基斯坦、印度、孟加拉国。

生活习性：人工饲养条件下，印度棱背龟喜暖怕寒，水温24℃左右时，能正常进食；水温20℃以下有停食现象；水温18℃以下停食、少动，随温度逐渐下降，龟进入冬眠期。长时间生活在水温10℃以下，龟易死亡。自然界中，印度棱背龟食植物茎叶及果实；人工饲养条件下，仅发现食香蕉、苹果。印度棱背龟温顺和善、胆怯，不主动攻击人。

雌雄鉴别：雄龟体型偏小，尾长且粗，泄殖腔孔在背甲后部边缘之外；雌龟体型较大，尾短且细，泄殖腔孔在背甲后部边缘之内。

生殖习性：1955年，Ahmad曾在3月解剖1只雌龟，发现9枚长椭圆形的卵，卵长径为35毫米。

其他：印度棱背龟因头部颜色较鲜艳，斑纹美丽，颇受养龟者喜爱。因其适应能力较弱，且多次转手受惊吓后，易患应激综合征，通常表现为绝食，甲壳和四肢溃烂，故有一定饲养难度。部分龟口腔中有钓钩。

（2）三线棱背龟

拉丁名：*Kachuga dhongoka*

英文名：Three-striped Roofed Turtle

别名：印度锯背龟

分布：尼泊尔、印度、孟加拉国。

形态特征：背甲最长达48厘米，黑色或黑褐色，中央有3条黑色纵条纹，背甲前半部窄、后半部宽大；第2枚椎盾后部向后延伸呈三角形，后部缘盾略呈锯齿状。腹甲淡黄色，每块盾片无对称大黑色斑块。头顶部黑色，自头顶部边缘有1条淡黄色条纹向后延伸，过眼眶上方，过鼓膜，延伸至颈部。吻突出，上下颌黄色，上喙边缘有细小锯齿；颈背部黑色，颈腹部淡灰褐色。四肢灰褐色，无斑点，指、趾间具蹼。尾适中。

生活习性：三线棱背龟是棱背龟属中体型较大的种类之一，属水栖龟类。大型河川及流速平缓的河流内均可见其踪迹。三线棱背龟以植物茎叶及果实为主。有关棱背龟繁殖习性记录较少。

103 齿缘龟生物学特性是什么？

拉丁名：*Cyclemys dentata*
英文名：Asian leaf turtle
别名：锯龟、草龟、亚洲龟、齿缘摄龟
分布：国内分布于云南、广西；国外分布于印度尼西亚（爪哇岛、苏门答腊岛）、柬埔寨、缅甸、印度、越南、马来西亚、菲律宾及婆罗洲。

生活习性：齿缘龟喜夜晚活动、觅食。当水温为22℃左右时，能正常吃食、爬动；水温15℃左右时冬眠。长期处于水温5℃左右的环境中能正常冬眠；若低于5℃，则冬眠，但有冻伤和死亡的危险。杂食性，尤喜食虾、瘦猪肉等。齿缘龟性情温和、害羞，不主动攻击其他龟类。

雌雄鉴别：雌龟尾较短，泄殖腔孔距背甲后部边缘较近；雄龟尾较长，泄殖腔孔距背甲后部边缘较远。

生殖习性：齿缘龟野外生殖习性不详。人工饲养条件下，每年5月和8～11月均有产卵现象，每次1～2枚。卵短椭圆形，短径29.8毫米、长径58.1毫米。卵重37.2克。

其他：幼龟体色与成体有一定差异。幼龟体色鲜亮，成体颜色暗淡，随年龄增大，体表更加光滑，背甲深褐色，背甲后缘不成锯齿状。

104 黄喉拟水龟生物学特性是什么？

拉丁名：*Mauremys mutica*
英文名：Asian Yellow Pond Turtle
别名：石龟、水龟、黄板龟、柴棺龟和石金钱
分布：安徽、福建、台湾、江苏、广西、广东、云南、海南、

湖北、浙江、湖南；国外分布于越南。它是我国龟类中除乌龟外，分布最广、数量最多的一种龟。目前，人工饲养条件下，已能大量繁殖，福建、江苏、浙江、广东等地均建有不同规模的养殖场。

（1）形态特征　头小，顶部平滑，上喙正中凹陷，鼓膜清晰，头侧眼后具2条浅黄色纵纹，喉部黄色。背甲扁平，中央嵴棱明显，后缘略呈锯齿状，背甲棕色或棕褐色。腹甲前缘平，后缺刻较深，腹甲黄色，每一块盾片外侧有大墨渍斑，甲桥明显，背腹甲间借韧带相连。四肢扁平，指、趾间具蹼，指、趾末端具爪。尾细短。

（2）生活习性

①生态习性：黄喉拟水龟栖息于丘陵地带、半山区的山间盆地和河流谷地的水域中，有时也常到灌木草丛、稻田中活动。白天多在水中戏游、觅食，晴天喜在陆地上，有时爬在岸边晒太阳，俗称"晒壳"。天气炎热时，上午、傍晚后活动较多，中午、夜晚常躲于水中、暗处或埋入沙中，缩头不动。黄喉拟水龟怕惊动，一旦遇到敌害或响声，立即潜入水中或缩头不动。每年的4月底至10月初活动量大，最适环境温度为18～32℃。13～15℃是龟由活动状态转入冬眠状态的过渡阶段；10℃左右龟进入冬眠；35～36℃时，龟不适应或蛰伏不动。3月上旬，温度15℃左右，龟虽已苏醒，但只爬动，不觅食，至3月底、4月初才进食。冬眠后的龟，体重减轻50～100克。

②食性及摄食行为：黄喉拟水龟为杂食性，取食范围很广。据资料记录，在野外，黄喉拟水龟食昆虫、节肢动物和环节动物等，也食泥鳅、田螺、鱼和虾。植物食物有小麦、稻籽和杂草茎等。人工饲养条件下，可投喂家禽内脏、猪肉及内脏、混合饲料。植物类可投喂瓜果蔬菜。黄喉拟水龟喜在水中觅食，摄食时，先爬近食物，双目凝视，然后突然伸长颈脖，咬住食物并吞下。若食物过大，则借助两前爪将食物撕碎后再吞食。

③雌雄鉴别：两性特征明显。雌性腹甲平坦，尾细短，泄殖腔孔位于背甲后缘之内；雄性腹甲凹陷明显，尾长且粗，泄殖腔孔位于背甲后缘之外。

④繁殖习性：性成熟期6～7年。4～11月交配，5～9月产卵，

每次产卵 1～7 枚。卵白色，长椭圆形，卵平均长径 43.4 毫米、平均短径 22.3 毫米。卵平均重 13.95 克。孵化温度 25～32℃，孵化期55～100 天。稚龟平均重 10 克。稚龟性别受孵化温度影响，孵化温度 25℃时，以雄性为主；孵化温度 33℃时，雌性占多数；孵化温度 29℃时，雌雄比例各占 50％。

目前，黄喉拟水龟已经规模化养殖，在广西、广东和海南等地养殖量较大，种龟存栏为 10 万～15 万只，年繁殖量超过 80 万只以上。黄喉拟水龟已与金钱龟、乌龟、中华花龟、四眼斑龟、黑颈乌龟和安南龟发生杂交，并产生后代。

分布于我国海南、广东、台湾和越南的黄喉拟水龟，因头顶呈灰橄榄色，腹甲黑色斑纹大，生长速度快，民间称之为灰头石金钱、越南石金钱；江苏、浙江、湖北等地的黄喉拟水龟，因头顶呈青橄榄色，腹甲黑色斑纹小，生长速度较慢，民间称之为青头石金钱、中国石金钱和大青头。有些个体腹甲无黑色斑纹，民间称之为"象牙板石金钱"。

105 鸡龟生物学特性是什么？

拉丁名：*Deirochelys reticularia*
英文名：Chicken Turtle
别名：网龟。
分布：美国。

鸡龟是水栖，杂食性，以动物食物为主。环境温度 20℃以上捕食，环境温度 5℃左右自然冬眠。

雌性鉴别：成体的雌雄个体差异较大。雄性体型小，背甲长度仅 15～20 厘米；雌性体型可达 20～25 厘米。

生殖习性：每年 1～3 月产卵，每次产卵 5～15 枚。孵化温度 28～30℃，孵化期 65～75 天。

106 安南龟生物学特性是什么？

拉丁名：*Annamemys annamensis*

英文名：Vietnamese Leaf Turtle，Annam Leaf Turtle

别名：越南龟、草龟、安南叶龟

分布：越南中部。

形态特征：背甲黑褐色，椭圆形，中央嵴棱不明显。腹甲淡黄色，每块盾片上具褐色斑块，腹甲前缘平切，后缘缺刻较深。头部较尖，顶部呈深橄榄色，上颚呈Λ形，眼睛前方具淡黄色条纹，一直延伸眼后，侧部有黄色纵条纹，颈部具有橘红色或深黄色纵条纹。四肢灰褐色，无条纹，指、趾间具蹼。尾褐色且短。

生活习性：在自然界，安南龟喜生活于浅水潭、小溪及沼泽地中，属水栖龟类。杂食性，人工饲养条件下，喜食小鱼、虾、瘦猪肉、家禽内脏及黄粉虫（面包虫），偶尔食少量香蕉。人工饲养的2只重1 060克、960克的雌龟，分别于5月和8月产卵，每次产卵2枚，卵重10.2～10.8克。卵长径33.4～41.9毫米、短径20.3～22.2毫米。

107 平胸龟生物学特性是什么？

拉丁名：*Platysternon megacephalum*

英文名：Big-headed Turtle

别名：鹰嘴龟、大头龟、鹰嘴龙尾龟、三不像、鹦鹉龟

分布：国内分布于安徽、福建、广东、广西、云南、贵州、重庆、江苏、湖南、江西、浙江、海南、香港；国外分布于泰国、缅甸、越南等。

生活习性：平胸龟对温度要求不高，能忍耐低温环境，甚至短时间处于水温0℃以下也不会被冻死。当水环境温度10℃左右时，龟冬眠；水温14℃左右时少活动；最适宜水温为25～28℃；水温32℃以上，龟有少食、少动现象。平胸龟喜食动物性饵料，尤喜食活物，如幼金鱼、蚯蚓、蜗牛和蠕虫等。平胸龟生性粗野强悍，常相互撕咬四肢、尾部。若饲养者抓起平胸龟，平胸龟立即张嘴欲咬，但其颈部不能伸缩，故饲养者不易被咬到。平胸龟能借助尾部攀壁爬树，抽打侵犯者。

雌雄鉴别：雌龟尾部较短，泄殖腔孔位于背甲后部边缘之内；雄龟尾部较长，泄殖腔孔位于背甲后部边缘之外。

其他：平胸龟是较古老、原始的龟类。虽被发现100多年，但人工繁殖较匮乏。目前，市场上出售的平胸龟大多来自野外。平胸龟分布广，适应能力较强。但它们的野性较大，逃逸性强。人工饲养条件下总能出乎饲养者的意外而逃脱，故平胸龟宜饲养于面积较大的玻璃缸或四壁光滑的容器中。若容器内壁粗糙，龟借尾部、后肢和利爪的力量，能攀爬容器。平胸龟因具有威武、凶猛的气质，颇受青少年喜爱。

108 菱斑龟生物学特性是什么？

拉丁名：*Malaclemys terrapin*

英文名：Diamondback Terrapin

别名：钻文龟、泥龟

分布：美国。

雌雄鉴别：雌龟比雄龟体型大，雌龟重1 000～1 500克，雄龟重300～400克。雌龟尾短，泄殖腔孔位于背甲后部边缘之内；雄龟尾长且粗，泄殖腔孔位于背甲后部边缘之外。

生活习性：菱斑龟是变温水栖龟类，环境温度直接影响龟的活动和捕食状态。菱斑龟的适温在24～30℃，15℃时已出现不摄食现象。菱斑龟杂食性，以鱼、虾、肉类为主，也食菜叶等。在海南，3～7月有产卵现象，4、5月为产卵高峰，每窝2～13枚，平均7～8枚。卵白色，长椭圆形。孵化期平均56天，稚龟重平均7.35克。

菱斑龟具有个体小、体色艳丽、孵化期短、能自然越冬和病害少等优点，除了具有药用、食用价值外，其观赏价值颇高。

109 锦龟和丽锦龟生物学特性是什么？

（1）锦龟

拉丁名：*Chrysemys picta bellii*

英文名：Western Painted Turtle

别名：火神龟、火焰龟

分布：加拿大南部、美国。

形态特征：背甲深灰色，边缘具绿色，背甲中央无红色纵条纹，缘盾上具红色弯曲条纹，背甲呈长椭圆形，后部缘盾不呈锯齿状。腹甲中央具棕色条纹和斑纹。头部深橄榄色，侧面具数条淡黄色纵条纹，并延伸至颈部。四肢深绿色，具淡黄色条纹。尾短。

生活习性：锦龟背甲色彩鲜艳，腹甲鲜红，故名火焰龟。锦龟属水栖龟类，生活于湖、河、池塘等地。杂食性，水草、昆虫、小鱼均食。人工饲养条件下，食瘦猪肉、小鱼、家禽内脏、蚯蚓、菜叶和香蕉等。每年 6～7 月为繁殖期，每次产卵 2～22 枚。卵长径 27.1～30.7 毫米、短径 13.9～16.1 毫米。卵重 3.55～5 克。孵化期 72～80 天。

（2）丽锦龟

拉丁名：*Chrysemys picta dorsalis*

英文名：Southern Painted Turtle

别名：彩龟

分布：美国。

形态特征：背甲深橄榄色，中央具 1 条淡红色纵纹，长椭圆形。腹甲淡黄色，无任何斑点。头、颈部深绿色，侧面具淡黄色纵条纹。四肢深绿色，具淡黄色条纹。尾短。

生活习性：水栖龟类，杂食性，以肉类为主。水温 15℃冬眠，15℃以上可活动，22℃可捕食。每年 6～7 月为繁殖季节，每次产卵 3～8 枚。孵化温度 28～30℃，孵化期 62～80 天。

110 美洲箱龟属的龟生物学特性是什么？

美洲箱龟属（*Terrapene*）有 4 种。箱龟属的成员仅产于美洲，素有"美洲特产"之说。主要特征：背甲高隆，有些种类的背甲中央具崤棱。腹甲的胸盾与腹盾间具韧带。头部背部平滑且凹陷。除科阿韦拉箱龟（*Terrapene coahuila*）外，其余 3 种均有 2 个以上的亚种。闭壳龟属与箱龟属主要区别：前者的椎板成短侧边朝前的六角形，产地仅限亚洲；后者的椎板成短侧边朝后的六角形，产地仅限美洲。

（1）卡罗莱纳箱龟

拉丁名：*Terrapene carolina carolina*

英文名：Eastern Box Turtle

别名：东部箱龟、卡罗林纳箱龟

分布：美国东部。

形态特征：背甲棕色，有淡黄色细小斑点，呈圆形，背甲前后缘盾不呈锯齿状。腹甲淡黄色，无斑点。头部深棕色，无斑点。四肢棕色，无斑点，指、趾间具半蹼。尾短。

生活习性：卡罗莱纳箱龟有6个亚种。卡罗莱纳箱龟背甲、腹甲的色彩变化较大，它们生活于陆地，不能长时间生活于深水中（水位不能超过自身背甲高度）。杂食性，食昆虫、植物茎叶等。人工饲养条件下，食瘦猪肉、鱼、虾、菜叶、香蕉及黄瓜。每年5～7月为繁殖期，每次产卵2～7枚。卵长径24～40毫米、短径19～23毫米。孵化期75～90天。

（2）三爪箱龟

拉丁名：*Terrapene carolina triunguis*

英文名：Three-toed Box Turtle

别名：箱龟、三趾箱龟

分布：美国南部。

形态特征：三爪箱龟是卡罗莱纳箱龟的6个亚种之一。其背甲色彩及花纹变化较大，但其后腿仅有3个爪，是区别其他亚种的主要特征。

（3）丽箱龟

拉丁名：*Terrapene ornata ornata*

英文名：Ornate Box Turtle

别名：绚丽箱龟、锦箱龟

分布：美国。

形态特征：背甲棕红色，具淡黄色放射状花纹，背甲圆形，中央隆起。腹甲棕红色，具淡黄色放射状花纹。背甲与腹甲间、胸盾与腹盾间借韧带连接。头部、颈部灰色，上喙略呈钩状，下颌具淡黄色鳞片。四肢具淡黄色鳞片，指、趾间仅有少量蹼。尾短。

生活习性：丽箱龟生活于陆地、草地及丘陵地带。杂食性，如昆虫、植物茎叶等。人工饲养条件下，食黄粉虫（面包虫）、瘦猪肉、西红柿和香蕉等。每年5~7月为产卵期，每次产卵2~8枚。卵长径21~41毫米、短径20~26毫米。孵化期70天左右。

（4）科阿韦拉箱龟

拉丁名：*Terrapene coahuila*

英文名：Coahuilan Box Turtle

别名：墨西哥箱龟

分布：墨西哥的科阿韦拉州。

形态特征：背甲圆形，顶部较平，背甲呈淡橘黄色。腹甲黄色，无杂色斑纹。头部橘黄色，上喙呈钩状。四肢深橘黄色，指、趾间具半蹼。尾短。

生活习性：科阿韦拉箱龟生活于陆地和溪流的附近地带。以肉食性食物为主，也食西红柿等蔬菜。每年5~9月为繁殖季节，每次产卵1~4枚。卵呈长椭圆形，白色。

111 大鳄龟生物学特性是什么？

拉丁名：*Macroclemys temminckii*

英文名：Alligator Snapping Turtle

别名：钓鱼龟

分布：美国中南部。

大鳄龟性情凶猛，不畏寒冷。在水温20℃左右能吃食；水温25℃以上摄食较多；水温15℃左右时活动少，食量也较少；水温10℃左右冬眠。冬眠期间，龟长期处于水温5℃中，有冻伤和死亡现象。自然界的大鳄龟喜捕食鱼、蛙类、蛇、蜗牛、蟹、虾及各种水草。人工饲养条件下，食鱼、瘦猪肉、家禽内脏及少量菜叶。每年 10～11 月和翌年 4～5 月是大鳄龟的交配季节。雌龟头顶部的三角形盾片较大，腹甲中央无眼睛状盾片，泄殖腔孔位于背甲后缘之内；雄龟头顶部的三角形盾片较小，腹甲中央有 1 对或 1 个眼睛状盾片，泄殖腔孔位于背甲后缘之外。6～9 月是产卵高峰，每次产卵 8～50 枚。卵白色圆球形，具坚硬壳。卵直径 30～51 毫米。孵化期 100～140 天。稚龟背甲长 45 毫米，重 15 克左右。

大鳄龟是淡水龟类中最大的龟，目前最大个体记录是 19 世纪采自美国佛罗里达州的一只背甲长 109 厘米、体重 274 千克的龟。大鳄龟还是淡水龟类中较原始的一种，它保留了原始龟类的特征，如头不能缩入壳内、尾较长等，故素有"活化石"美誉。

112 圆澳龟生物学特性是什么？

拉丁名：*Emydura subglobosa*

英文名：Red-bellied Short-necked Turtle

别名：锦曲蛇颈龟、红纹曲颈龟

分布：新几内亚、澳大拉西亚（澳大利亚、新西兰及附近南太平洋诸岛的总称）。圆澳龟观赏价值较高，适应能力较强，是近几年来引进的名贵观赏龟种之一。

（1）外形特征 圆澳龟体型较小，成龟的大小通常不会超过 20～30 厘米。体较扁，背甲略呈三角形，前窄后宽。头部为暗灰色，眼后方有一带状白色条纹，下颌底部有明亮的珊瑚红色图案。背甲为无花纹的中灰色到炭灰色，腹甲、甲桥和甲缘的腹侧有着显著的橘红色。幼体体色更为艳丽。尾短小，不露出缘盾。

（2）生态习性 圆澳龟喜暖怕寒，对温度要求较高。最适温度为 25～30℃，水温 16℃左右开始进入冬眠，温度低于 5℃时进入深度冬眠，水温 23℃开始摄食。圆澳龟喜欢温暖环境，温暖气候和雨季能促进成体龟进入繁殖状态。在海南省，1～2 月环境温度有时低于 10℃，龟进入冬眠状态，其他时候都能正常活动和摄食。圆澳龟为杂食性，偏动物食性，喜食鱼、螺、虾、蠕虫、瘦肉和动物肝脏等，偶尔也吃一些绿色蔬菜，如莴苣、圆白菜，还吃南瓜、胡萝卜及水果等，人工驯养时也喜食浮性配合颗粒饲料。在海南，养殖圆澳龟大都采用中华鳖饲料和新鲜杂鱼来投喂。

圆澳龟属于嗜水栖龟，除了晒太阳和筑巢，很少离开水域。它们非常迷恋日光浴，会长时间待在岸边或晒背台上。在野外，圆澳龟是清晨第一个出来晒太阳、到黄昏最后一个回到水里去的。家庭室内水泥池或大型养殖箱养殖，或爱龟人士养殖宠物圆澳龟，最好选择日光能照射到的地方，否则就要采用白炽灯泡，也可采用紫外灯悬挂在水箱上方定时照射。无论室内或室外养殖，无论水泥池还是养殖箱，都要提供斜坡，以便龟能够爬出水面。

圆澳龟性情温顺聪明，好动，游泳姿态非常可爱，能与其他种类的水栖龟类和平相处，不主动侵犯其他龟。幼龟时体色艳丽，在水中游动时好似一团火，但其腹甲颜色随体重增大渐变为淡红色、淡橘黄色，头顶部条纹颜色也变暗淡。因此，以欣赏为目的饲养时每天投喂量宜少，冬季使其自然冬眠。

（3）雌雄鉴别与繁殖特性　雄龟比雌龟小，背甲长约17.4厘米，腹甲后缘缺刻口较大，尾巴较长而且粗壮，泄殖腔孔位于背甲后部边缘之外；雌龟背甲长约24.6厘米，背甲后缘缺刻较小，尾巴细短，泄殖腔孔位于背甲后部边缘之内。龟背甲长到10厘米以上可鉴别雌雄。

圆澳龟产卵行为从开始到结束大约只有1小时。圆澳龟爬上陆地1~2次，通常都在夜间或清晨，然后很快地挖1个浅巢，巢往往位于草丛之间，使卵难于被人发现。雌龟掩埋巢穴十分粗糙，也不用腹甲压紧土壤。人们通过龟在筑巢过程中被挖出来而没有填回去的泥土，来发现龟卵的巢穴。人工饲养条件下很容易繁殖后代，在海南，圆澳龟3~7月产卵，每窝7~8枚，最多12枚。孵化温度28~32℃，孵化期62天左右。

四、龟类饲养技术

113 什么是庭院养龟模式？

    庭院养龟，是充分利用房前屋后的小块零星杂地建造龟池；也可利用原有小水池、废弃水坑和水沟等改造后养龟。庭院龟池建造，通常需要有水源、电、阳光和排水等，通过精心管理龟池，可以创造出意想不到的良好效益。庭院养龟适宜小规模投资，饲养各种生态类型的龟类。

    （1）龟池建造　庭院小规模生态养龟池，最小可为 2 米^2，最大可达 1 000 米^2。面积大小无固定模式，水池形状可根据实际地形灵活变化。水池总深 0.8～1.3 米，池底设计成四周高、中间略低或向一方倾斜。池底靠墙壁附近设立排水口，排水口上插入小于排水口一号的水管。水管上需预留溢水孔，水管顶部用金属网拦住，以防下大雨涨水时龟和鱼虾逃走。有些排水孔的下水管道埋设于池底部，通向池外排水沟，出口处安装阀门，平时阀门关闭，需排污打开阀门。池内保持水深 0.3～0.8 米，池四周用砖砌成，池内壁用水泥抹平或贴瓷砖。池北面建产卵场，产卵场面积占全池的5%～10%，产卵场内填入 30 厘米厚的沙土；如场地较小，可把产卵场架于水池之上。产卵场与池水之间要架设斜坡，斜坡侧面可用瓷砖竖立做遮挡，防止龟掉入水中呛水。产卵场和水域的斜坡，可兼作晒背台和食台。龟池周围和附近应栽种一些树木、观叶植物和花草，以增加龟池的美观效果。

    （2）水池布置和管理　由于庭院养龟是小规模养龟，水体面积小，水质易污染和老化，换水频率高，一方面增加劳动力，另一方面容易影响龟的活动。因此，庭院养龟的水体管理非常重要，主要是做好水质管理。在水池中建立自繁食物生态链，解决水质问题。池水上层放养水生植物，如浮萍、水草、水花生和金钱草等，当水花生、水葫芦生长茂密时，应用竹竿拦住；水中的植物既美化环境也能净化水质，改善水体，还为龟提供遮阳躲避场所；中层放入鱼虾，下层放入泥鳅、田螺、河蚌等，解决龟的部分或大部分鲜活天然饵料，同时也能改善水质，使水质保持清新。此外，水池中水生动物自身繁殖，给龟提供了追捕觅食的机会，龟吃活食可增强体质。庭院养龟的水生生态环境，使原来夏季需 1～3 天换水 1 次，可延长到 15～30 天换水或换部分水。如管理得当，可以延长更长时间。日常管理包括水位和水色。夏季和冬季水深，春季和秋季水浅；保持水色淡绿色，水色过浓，可排除池水下边的污物和换出部分池水，加注清新水。

（3）日常管理　包括放养、投喂和巡池，这些是日常管理的基本工作，也是日常管理的关键，直接关系到龟的健康和生长状况。

投放于池内的龟种类以自己喜好和市场为先，适应当地气候也是选择种类的条件之一。通常 3～5 只/米^2，具体视龟体大小而定，原则上让龟有活动空间并不拥挤即可。

在春秋季节，每天投喂 1 次，可投入黄粉虫、泥鳅、蚕蛹或人工饵料。有时应视龟每天摄食量大小，隔几天适当补充水生生物。投喂时间可早可晚，但应相对固定，便于观察龟的健康状况；冬季，水温降低至 22℃左右，龟完全没有冬眠，有进食欲望，但不能投喂，一旦投喂，水温降低，龟易染病。龟冬眠后停止投喂。冬天过后，龟池的龟会逐渐从冬眠中苏醒，是否投喂关键要观察龟的觅食情况。如果龟池中的龟超过一半有爬行觅食现象，就可以投喂；如果没有这种现象，就不要投喂。

每天早晚巡池，查看龟、水、排水口和产卵场，及早发现问题，及时解决。捞除浮在水面的残腐植物茎叶，并及时添换鲜活植物及水生植物或人工饵料，防止龟吃不饱；每月消毒，可用漂白粉或其他消毒药物按 2～3 克/米³ 泼洒入池，以防病菌侵入。

114 什么是果园养龟模式？

果园养龟，是在果园内建造龟池，饲养半水栖龟和陆栖龟。果园养龟是提高单位面积经济效益的好途径，能节约人工养龟的成本及有效降低果林害虫，且能提高土地利用率，便于一体化综合管理。果园养龟不仅不影响果品质量，反而有增加果品产量的效果。养得好时，每亩果园可产龟 100～250 千克，果品产量可提高 5%～12%。

（1）龟池修建　在果园四周建筑矮墙，墙基深入地下 20～30 厘米，可防龟打地洞逃逸，矮墙高出地面 60 厘米，墙角做成圆形，可有效防止龟逃逸。在园中间或四角的合适位置，按养龟量的多少来设计建造几处小房舍，果园喷施有毒农药治虫时，可把龟全部移入室内，以免中毒致死，经 1～3 天后再放龟出来。选用高效低毒低残留农药，也可防止龟中毒。冬天，可把龟移入室内越冬，盖上干杂草，定时淋少许水保湿。北方地区较冷，应加盖塑料膜，也可移入地下室越冬。另外，再建几个凉棚，以利龟在夏季栖息避暑。

（2）果园的龟种类选择　目前，我国常规果园均可套养龟类，但最好选择耐旱品种，如陆龟中的苏卡达陆龟、豹龟和缅甸陆龟等；半水栖龟类中的锯缘闭壳龟、黄额闭壳龟和黄缘闭壳龟等，这些龟耐旱能力强，数月不下水也可正常生长；如选用水栖龟类中的乌龟、红耳彩龟等也可以，但应在园中开掘几条水沟或小水池，供其栖息。放养密度宜稀不宜密，一般每亩果园放 2 龄龟 200～300 只，以商品性生产为宜。

（3）日常管理　晚上在果园挂几盏电灯，引诱昆虫扑灯，可把果园中忙着产卵的有害昆虫引到灯光下，任龟自己捕食。不仅减少大部分果园害虫的危害，把害虫降低到最低限度，而且减少果园施农药的次数，节约了农药成本，又减少了龟的投喂，从而节约饲料成本，一举两得。

　　果园内饲养陆龟，可直接投喂各种瓜果蔬菜；半水栖龟和水栖龟可投喂人工饵料和鱼肉糜。如遇阴天或早春、初冬季节，诱虫量不多，每天可投喂占龟体重 3%～4% 的人工饲料；如是晴好天气和夏季，诱得虫量多，可减少人工饲料投喂量，一般可投喂占龟体重 1%～3% 的饲料；初春、深秋和冬季停止投喂。

115 什么是龟鳖鱼混养模式？

　　龟鳖鱼混养，指在同一池塘水体中，将鱼、龟与鳖混合养殖。养龟鳖促鱼、养鱼利龟鳖。鱼龟鳖混养可互利共生，达到鱼龟鳖丰收的目的。该模式既提高了单水体利用率，挖掘了生产潜力，又增加了养殖者的经济收入。

　　(1) 池塘建造　龟鳖鱼混养池可用鱼池改建，面积在 25～200 米² 不等。在土地周围池埂上建高 0.5～0.7 米的防逃墙，墙顶设 T 形防逃檐，向里檐宽 10～12 厘米。池壁有砖石砌墙，以水泥抹面，周围应无鼠、蛇洞穴。如建水泥池，池深 1.3～1.5 米，水深 0.7～1.0 米。注排水渠道可用预制板或其他硬质板材来覆盖，也可放置 PVC 管。墙内全部用水泥抹平，且墙角要成弧形。晒背台、投饵台、栖息陆地，是龟鳖鱼池不可缺少的设施。投饵台设在排水口的上方，沉入水中的饵料可迅速排出池外。为节约水面，晒背台与投饵台可兼用。另外，在池中多放一些木板，作为龟鳖的栖息陆地。

　　(2) 龟鳖鱼种类的选择和放养密度　混养池中，龟鳖鱼混养可分为两种类型：一种是成鳖池中，混养一些成鱼或成龟；另一种则是以养鱼为主的池塘中，混养一些成鳖和成鱼。

　　鳖的种类包括中华鳖、佛罗里达鳖（珍珠鳖）和角鳖等，宜放体重 1 千克以上的个体，每亩放 500 只左右。

　　鱼的种类主要混养鲤、鳗等鱼类，国内的鱼种类根据当地条件和鱼类品种规格等具体情况而灵活掌握。一般鱼种的搭配比例为：鲢 50%～60%，鳙 10%～15%，食草性的草鱼、鳊等 20% 左右，杂食性的鲤、鲫等 5%～10%。放养量则以亩产 300～400 千克商品鱼为标准，亩放鱼种 60～80 千克。

龟的种类主要是水栖龟类，主要包括乌龟、黄喉拟水龟、红耳彩龟和密西西比地图龟等；适合放养体重 250～1 000 千克的个体，每亩放养 400～500 只。

（3）水质管理　龟鳖是利用肺呼吸空气中的氧，呼吸与摄食使龟鳖不断在水体上下往返运动，从而增加了水层之间的对流。龟鳖鱼混养池内溶氧较丰富，水质通常较稳定，常呈灰褐色或黄褐色相间的云条状"水花"。龟鳖在池底的活动，使沉积在池底的有机物能更快分解，加速了物质循环和能量流动。

（4）日常投喂和管理　龟鳖鱼混养，通常以龟鳖为重点投喂对象，在满足龟鳖摄食前提下，根据饲养的鱼种类、数量和池塘水质情况，确定鱼类的投饵量及施肥量。如果龟鳖残饵较多，鲤、鲫等杂食性鱼类和鲢、鳙等滤食性鱼类通常不用投喂；草食性鱼类应按其摄食量投喂。

日常管理应坚持每天巡塘，观察水质情况及鱼龟鳖摄食及活动情况，如发现异常，要及时采取措施。在鱼龟鳖生长旺季，每亩水面 20～30 天撒生石灰 30 千克，既起到施钙肥、改良水质的作用，又可预防龟鳖鱼疾病。

116　什么是蕉田养龟模式？

蕉田养龟，是一项创新性的大胆尝试，是农民增收、农业增产的有效尝试，也是一种双赢的种养模式。香蕉田里放养龟，蕉沟为龟的生活栖息、生长提供必需的场地，香蕉树和水面为龟提供遮阴；龟的活动、摄食、排泄物为蕉田累积提供大量高级有机营养肥源，有利于香蕉的生长和品质改善；蕉田里温暖多湿，蕉影阳光也比较适应龟的生长。

在东莞市麻涌镇大步村的"蕉田养龟"项目基地，在 14 亩蕉田里共有 16 个养龟池，按照 3～8 只/米² 不同的密度放养，已投放170 100只龟。每 2 块蕉田"包围"1 个养龟池，每个水池水深 1 米，面积约 70 米²，中间砌上一道水泥墙，把养龟池和蕉田隔开，这样有利于香蕉撒农药时保护龟。按照不同季节投喂次数的不同，春、夏季节每天上午投喂 1 次，每次投喂量占龟体重的 3％左右；下午清理残饵，每 15 天要抽检 1 次，观察龟的生长情况。

蕉田养龟模式中，可放养乌龟、黄喉拟水龟等水栖龟类；如放养苏卡达陆龟等陆栖龟类和黄缘闭壳龟等半水栖龟类，可直接将龟放养在蕉田里，用水泥墙作围栏分割成数个龟池，便于管理。

东莞市麻涌镇大步村的"蕉田养龟"项目实验结果显示，蕉田养龟模式中，1 亩地可以种植香蕉 110～120 棵，蕉田养龟的香蕉挂果率达到 91％，单株普遍重达 20 千克以上，龟的成活率也提高到 97.7％。平均每亩蕉田，养龟加上种蕉的纯收入，约为种植效益的 2.8 倍。

由此可见，蕉田养龟种养结合，不仅构建了蕉龟共生的生态环境，而且可大幅度提高土地资源利用率，提升产品总附加值，使单位蕉田面积产出效率提高，有力地促进香蕉种植产业升级、企业发展和蕉农增收，具有较好的社会和生态效益。

117 什么是稻田养龟模式？

稻田养龟，是一种动植物互生、同一环境生态互利的养殖新技术。稻田作物空间间隙再利用，不占用其他土地资源，又节约饲养龟类的成本，降低田间害虫危害及减少水稻用肥量，不影响水稻产量，但却大大提高了单位面积的经济效益。

（1）稻田的布局　稻田应选择水源条件好、排灌方便、大水不漫田埂和干旱不缺水的稻田为好。稻田四周要建立防逃措施，四周用厚塑料膜围成 50～80 厘米高的防逃墙，也可用石棉瓦等围建。进、排水口必须用铁丝网或塑料网拦住，田内开挖龟沟，以利于龟活动和越冬，可以用田边沟代替，沟面宽 3 米、底面宽 2 米、沟深 1.5 米，沟长随田而定。沟面积和稻田面积之比为 2：8，田块中央建一长 5 米、宽 1 米的产卵台，可用泥堆成，台中间放上沙土，四周呈 45°斜坡，以便龟产卵。

（2）龟类种类选择　稻田养龟模式中龟的种类，宜选用乌龟、黄喉拟水龟、黄缘闭壳龟等水栖龟类中的肉食性或杂食性种类为主,有些龟种类可以混养;陆龟类和平胸龟、蛇鳄龟等攀爬能力强的种类不适宜放养稻田内。放养的龟应选用规格相似大小,以利均匀吃食,防止争食。体重2千克以上的大型龟类不适宜放养。

(3)龟、虾等动物的放养 单季稻田栽秧后,放养鳅、虾、螺、龟苗种;冬闲田先放养苗种,后栽秧。龟放养前,用3%的食盐水浸浴3~5分钟。亩放成龟100~120只,雌雄龟比例为2:1。青虾种为每亩放养抱卵虾5千克左右;螺鳅种最好到天然水体中采集,种田螺要求个大、外形圆、肉多壳薄、壳色灰黑、螺纹少,可亩放田螺2 000只;泥鳅种要求体色深黄、健壮、规格整齐,亩放体长3~5厘米的鳅种7 000~10 000尾。由于龟活动有耘田除草作用,加上龟自身的排泄物,另有萍类肥田,所以,稻田养龟的水稻施肥量,可以比常规的田少施50%左右。

(4)饲料投喂 力争做到"四定"投饲法,每天要定点、定时、定量、定质地投喂饲料,日投喂量为整体总重的5%,并根据水质、天气、摄食情况等适当调节。在7~9月生长旺季,日投喂量增加至10%,稻田内有昆虫类还有水生小动物供龟摄食的,可减少投喂量。植物性饲料可在田内预先放养红、绿萍等,田间杂草也是龟类可口的饲料。在稻田混养鳅、螺、虾和龟,是一种以鳅、螺、虾为增殖饵源。泥鳅、田螺、青虾繁殖力强,均为杂食性动物,采食植物茎叶、浮游生物等为主,搭配放入养龟稻田内养殖,不仅能繁育大量幼体供龟采食,还具有净化水质的作用。

(5)稻田水的管理 水位可经常保持3~10厘米,原则上不干,沟内有水即可。水体透明度控制在30厘米,水色以黄绿色为好。水质水温对龟的生长发育影响很大,要注意观察水质,及时换水,注意控制水位,调节水温。稻田水深保持15~20厘米,高温季节适当加深,不能用上块田水泡下块田。

(6)日常管理 由于龟会吃植物性饲料,所以不宜施用除草剂。龟自身的排泄物可以作肥料,所以田间施肥量比常规施肥减少一半。田间平常水位保持在 6～10 厘米，高温季节要经常灌跑马水，保持水质新鲜。每年秋收后可起捕出售，也可转入室内或池内饲养，让其越冬。

118 什么是室内生态养龟模式？

室内生态养龟模式，是利用室内空闲房间搭建水泥池，饲养面积通常在 30～150 米²。饲养池可以使用 PVC 板、不锈钢、塑胶箱、瓷砖和砖砌等材料制作，在池底铺设瓷砖，斜坡用瓷砖反面铺设，水到产卵场间设饵料池，保持了活动区域水清洁。饲养池周围栽种或摆放各种绿色植物，模拟野外生态环境。室内生态养殖适宜小规模投资和饲养珍稀价值高的种类，以饲养水栖和半水栖龟类为主。

在修建养龟池时，既要考虑龟池样式美观、经济实惠、使用方便，又应考虑龟池的隐蔽性；同时，还要注意因不能及时更换池水，造成池水发出异味等因素。

（1）室内平式龟池　室内平式龟池可因地制宜，选择墙边、阳台、楼顶等进、出水方便的地方建造。池内分三部分：一是龟窝，此处应高出池面 15 厘米左右，是龟的栖息和产卵的地方，龟窝顶部要遮蔽，力求避光；二是运动场，供龟寻食活动；三是水池，是龟饮水、潜游、嬉戏交配的场所，排水口处设铁丝网罩防逃，龟窝通向运动场和水池呈 35°斜坡。龟池内壁粉刷要光滑，既能防止磨损龟板，又便于龟的爬行。

（2）室内多层式龟池　室内多层式水池，又称立体式龟池。这种龟池有效地利用空间，把有限的地面面积分割多层，增加饲养面积和放养量，便于管理和及时发现病龟。龟池不宜太高，池水也要浅些。可以采用红砖水泥结构，在龟池外壁粘贴瓷片。龟池大小依据现场设计，长方形是常用形状，除孵化盒（池）另行设置外，全部可按单层平式龟池的方法建造，一个龟池可建 3～5 层。排水管位于外侧，每层之间的排水管独立，不联通，杜绝病原感染。为排水方便，不留积水，龟池可略倾斜，做成一头高、一头低。

119 什么是外塘生态养龟模式？

外塘生态养龟，是采用模拟龟鳖的野外生活环境，投喂天然饵料，自然冬眠饲养的方法。外塘养殖通常面积较大，一个池在500米^{2}左右，以土池为主，池塘形状统一，以长方形为主。池塘周围栽种各种植物。如海南省的养殖户在池塘周围栽木瓜、空心菜，一方面，木瓜、空心菜可喂龟；另一方面，既美化环境，也起到遮阳、防惊扰作用。产卵场为5～10米^2，除产卵场以外的陆地用水泥或砖覆盖，杜绝龟随意四处产卵，以增加人工采卵的工作量。饲养管理中，以天然小鱼、河蚌、虾为主，辅助投喂全价配合饲料。冬季不加温饲养，使龟自然冬眠。外塘生态养殖模式除用于繁殖育苗外，还可育种和饲养幼龟，即将当年龟苗在温室饲养1年，翌年放养于外塘，经2～3年饲养后龟品质与野生龟相似。

120 什么是阳台、楼顶养殖模式？

阳台、楼顶养龟，是利用阳台微小的场地，楼顶有限的空间，合理设计布局而建的养龟池。在阳台、楼顶养龟，具有比室内、室外无与伦比的优势。首先，阳台、楼顶养龟省去了租赁场地、雇佣人员等繁琐程序；其次，阳台、楼顶养龟的工作时间自由，可白天工作，晚上养龟，娱乐休闲一举两得。此外，阳台和楼顶的独特位置，不仅可以提高安全防护，还具有冬暖夏凉的房屋节能效果。当养的龟繁殖或长大，龟的价值得到了提升，可谓养龟修身养性投资两不误，是集玩赏、投资、养生于一体的生活方式，吸引了很多城市上班族等人群加入养龟，也适宜各类人群加入。

阳台养龟，可直接用水泥、砖、瓷砖建池。近年来，PVC板的大量运用，龟池可直接用PVC板或瓷砖直接建造，以减轻阳台的重量，也可灵活拆卸，而且工序简单，成本低廉。此外，也可将不锈钢、铁皮、PVC板等材料制作好的容器直接放在阳台。如饲养多种龟，也可支架支撑箱体，成立体养龟布局。

龟池面积和形状：阳台面积通常在6～8米^2，龟池通常呈长方形和正方形，也可依据阳台的形状因地制宜建造龟池。长方形通常为长 3～4 米、宽 1～2 米，池高 30～45 厘米。

龟池处于半封闭空间，有日晒，无雨淋环境，是半仿生态模式。龟池建造在阳台一角，依墙或依围栏建造，池的大小根据阳台大小因地制宜，形状呈长方形，也可依阳台形状建成不规则形状。龟池可以多种多样，但无论用哪一种方法建造龟池，龟池内部的布局主要包括活动区域和产卵区域。活动区域是龟活动、游动和爬动的场所，活动区域朝阳，使龟能享受阳光沐浴；活动区域底面略倾斜于排水口，便于排水；活动区域设排水管，排水管用 8 厘米或更大的 PVC 管。排水口小，排水缓慢，不利于冲洗；排水口管要放正，避免歪斜。

产卵场是龟产卵的场所，产卵场设立有两个方法：一种是立体产卵场，用 PVC 管作支撑，将产卵场悬于活动区域之上，产卵场下方是半封闭的活动区域；另一种是产卵场与活动区域在同一平面上，直接与活动区域连接，产卵场与活动区域以 20°～30° 的斜坡连接，斜坡靠近池壁。两种产卵场各有自身的优势，立体产卵场利用空间，扩大了活动区域范围，也给龟提供了一个躲避的场所；平面产卵场虽然活动区域小，但方便龟攀爬，与自然环境更接近。具体选择哪一种产卵场，可依实际情况而定。

121 什么是网箱养幼龟模式？

网箱养幼龟模式，是充分利用水资源、生产绿色水产品的方式之一，具有方式灵活、设施简单、管理省工、不占土地、投资少、迁移方便、发病率低、成活率高、生长速度快和经济效益明显等优点。

网箱养殖可满足缺少水泥地、小规格池塘养龟者的需求。通常，应选择河、湖、江面水域宽阔的地带，养龟水域周围应无工业区、无排污口，避免污水对网箱养殖造成危害。

网箱通常为长方形，规格依据水流状况和龟的规格设计。水流大的水体中，单个网箱面积不超过 10 米^2；静水湖泊中的网箱面积，不宜超过 20 米² 左右，网箱深 1.5～2 米。水域小的地方，网箱可适当缩小规格。网箱用聚乙烯网片缝制，网目以小于龟背甲宽度 1/2 为宜，网箱四周加翻檐，防止龟攀爬逃逸。网箱应放置在背风向阳的地方，通常以"品"字形、"一"字形排列，既能保证网箱内水体的交换，也不影响水上交通和其他需要。网箱间距 0.5～1 米，每排网箱之间的距离应在 2～3 米。网箱用竹、木桩、水泥桩固定于水中，网底浸于水下 0.3～0.6 米。网底的四角固定，预防水流或大风掀起网箱。网箱上盖开口，便于操作。网箱里应放置水上食料台、晒台及少量水浮莲，为龟提供摄食、晒背、攀附场所。水位应视龟的大小、活动能力而确定，水深控制在 30～80厘米。

用于网箱养殖龟类的规格应不低于 20 克，种龟不适宜用网箱饲养。体重 20～50 克的幼龟，每平方米可饲养 100～120 只，随着龟不断生长，逐渐减少饲养密度；体重 100～150 克的龟，每平方米可饲养 50～80 只。

投喂的饵料以浮性颗粒饵料为宜，如投喂团装饵料，应在团装饵料外包裹细目尼龙纱，减少饵料的流失。日常管理工作是投饵、检查网箱破损，有无溺水死亡龟。

网箱适宜养殖乌龟、黄喉拟水龟和花龟等水栖龟类。

122 什么是仿生态养幼龟模式？

仿生态养幼龟模式，是模仿龟原有的生活环境，建造适宜其生活生长的场所，使龟健康成长。

仿生态养幼龟模式的重点是，饲养池的环境布置。饲养池的周围应有良好的植被，无污染源，水源充足，进、排水和水电正常，饲养池内设置多个功能区，为龟提供不同的生活区域，以满足龟不同时期的需求。

仿生态养幼龟池分为室内和室外两种。室内饲养池周围植物丰富，以绿萝等观叶植物以及常春藤等藤类植物为主；水域中设置花架，摆放龟背竹、滴水观音等植物，水中放养水浮萍、睡莲等植物，既能起到观赏作用，又能遮阴。饲养池内设置饵料区、休息区和运动区。饵料区占饲养池 1/5，可设置在休息区附近，也可与休息区相连；休息区占饲养池的 1/5；运动区是水域，占饲养池的 3/5。室外生态养幼龟池应设置在阳光充裕区域，周围种植果树和低矮植物。

123 什么是立体箱养幼龟模式？

立体箱养幼龟模式，是饲养幼龟的基本方法。该模式具有占地面积小、易操作、省人工和养殖效益高等优势。

（1）立体箱的材料和制作　立体箱的材料多种多样，有不锈钢、PVC 材料、玻璃、塑胶、瓷砖、泡沫板和水泥池等。也可在泡沫板和木板表面涂抹水泥，既起到保温效果，也杜绝易燃隐患。立体箱通常为长方形，无固定尺寸，可因地制宜地制定尺寸。箱子摆放在支架上，支架以角钢、镀锌钢管、镀锌管和木材等为材料，箱体通常 3～4 层，箱内长度的 1/3 或 1/4 处设立斜坡，搭建平台，使箱内长度的 1/3 或 1/4 的面积高出箱底 5～10 厘米，作为龟的休息台和食台；也可不建立平台，放置石块、砖、瓦为休息台和食台；每一层应设置独立的照明、加热、控温系统。此外，将一房间作为温室，室内放置数个立体支架，支架上放置塑胶盆，形成一个大型的立体养幼龟温房。

（2）立体箱的进、排水口管路安装　立体箱的进、出水管用PVC 管，直径以 6～8 厘米为宜。每层设立进、排水管和龙头，排水管的排水控制龙头使用频率高，易漏水或损坏，应选购质量好的龙头；排水可使用插入式排水法。

（3）温室养幼龟　温箱的加温分为空气加温和水加温。空气加热和水加热的目的，都是提高水的温度，通过控温设备控制温度，保持水温恒定。空气加温，可通过加热灯管、石英管、空调和各种取暖器等；水加温，可通过加热管、锅炉等其他加热设备。加热设备应连接控温装置。控温装置运转后，温度达到控制的最佳温度时，装置将自动断电；当温度低于需要控制的最佳温度时，装置便自动加温。冬季气温低，如果环境温度低于15℃以下，大多数龟都停食，停止活动，进入冬眠状态。提高环境温度，使水温达到25~32℃，或空气温度达到28~32℃，龟苗将不冬眠，正常觅食、活动和生长。

近20年来，温室养龟以其连续性、无季节性和主动控制性三大特点，在江苏、浙江、山东、河南和北方部分地区受到人们的青睐。如今的龟温室养殖已基本达到工业化水平，改变了池塘传统养殖占主导地位的局面。温室养殖包括全封闭型工厂化温室和小型温室。温室养殖主要适宜于饲养商品龟，将稚龟或幼龟饲养于水温28~32℃，日投喂1~3次，调控水质，促使龟加快生长速度，缩短养殖周期。温室饲养过程中除注意水质、饵料和温度等管理方法外，还应遵守"等温换水"原则。将稚龟从室外移入室内，切忌突然升高温度，应逐渐升温；当幼龟移到室外要逐渐降温，注意温度的平衡。

124 什么是工厂化养幼龟模式？

近5年来，龟类养殖日益兴起，龟类工厂化养殖模式也被运用，以广东、江苏和浙江较多。工厂化养幼龟模式，可运用于幼龟和商品龟的饲养，是现代化养龟方式的具体表现。

工厂化养幼龟，通常是在室内建混凝土、砖混、塑胶或玻璃钢等其他材料作饲养池。工厂化养幼龟的优点是产量高，总体利润高，饵料利用率高，用水量低，饲养密度高，用工少，疾病容易控制，受自然环境影响小；缺点是占地面积大，高投入，技术要求高。

工厂化养幼龟就是利用现代化工业手段，控制池内生态环境，在高密度集约化的放养条件下，创造一个最佳的生存和生长条件，促进龟的顺利生长，提高单位面积的产量和质量，争取较高的经济效益。具体地讲，就是在具有保温、控光的室内水泥池或塑胶池内，通过各种加热手段，把水温控制在28~32℃的最适温度；通过充气甚至充氧，适量换水，保证池内有充足的溶解氧，可改善池内的水质条件；去除水中的有害物质，通过化学或生物手段，建立一个优良的生物群落、抑制有害生物，避免严重疾病的发生；以优质的饲料保证龟的正常健康发育，提高龟体的抵抗力。

工厂化养幼龟池多种多样，但较好使用的有两种，即圆形或长方形龟池。其共同特点是池水可做环形流动，不仅可使池内水质条件均一，而且可将龟的粪便等废物及时排至池外，保持池内清洁。养龟面积多在 100～1 000 米²，池深 1.2～1.5 米。池壁一般为砖石结构，水泥沙浆抹面，避免磨伤龟的额角。池底水泥沙浆抹面需平整光滑，以微小坡度（0.5%）顺向排水口。排水口周围半径约 2 米范围内建成锅底形，以利于聚集污物。

换水是改良水质的通用方法，但是必须使用消毒后的清洁水。池塘后期每 2～3 天换水 30% 左右；工厂化养殖一般中、后期每天换水 30%～100%。增氧是保证水质、防止疾病暴发的有效手段，应视水质状况确定增氧机的开机时间，早期一般中午开机 2 小时，黎明开机 2～4 小时，逐渐增加开机时间。中、后期精养池除投饵时停机外，应昼夜连续开机。

工厂化养殖方式是粗放型、规模化、高密度养殖，比较适合饲养乌龟、红耳彩龟、蛇鳄龟等经济型龟种。市场上对乌龟、红耳彩龟等经济型龟种需求量较大，无论是宠物市场、农贸市场还是养殖市场和食用市场，一年四季都有需求。

125 不同生态类型的饲养池有哪些？

（1）水栖类　水栖龟类饲养池包括水面、陆地两大部分。饲养池大小、形状可因地制宜，无统一模式，通常长方形、正方形居多。饲养池中放养一些龟喜食的浮萍、水葫芦等水生植物，陆地主要是产卵场。产卵场周围栽种或摆放植物，如芭蕉、黄杨等植物，为龟隐蔽和遮阴提供方便。虽然水栖龟以水为主要生活区域，但部分龟有晒壳习性。因此，饲养池中间建晒背台（晒壳台），晒壳台也可兼作食台。围栏顶部应用翻檐，拐角处用物掩盖，防止龟逃逸。

（2）半水栖类 半水栖龟类饲养池的环境、形状和大小，可参照陆栖龟类的建造方法。不同的是半水栖龟类需要浅水区域，水与陆地间有一定坡度，坡度以 20°～30° 为宜。坡度大，龟爬动时易滚落引起惊吓，甚至导致内伤。水最好是流动水，既能保持水质，又可饲养一些活饵料，供龟捕食。在陆地上布置一些人造洞穴，供龟日常躲藏和冬眠之用。另外，在离水较远的陆地上，铺放沙土供龟产卵。

（3）陆栖类 陆栖龟饲养场地应仿造野生环境建造人工池或围栏。围栏采用玻璃钢瓦、水泥板和木材等物隔离，区域的大小依龟体形而定。场内铺垫土、沙、石子和石块，既便于清理，也适合龟攀爬。中央埋设 0.5～1 米² 浅水盆，也可砌水泥池，池深不超过5～10 厘米为宜，为龟提供饮水和泡澡便利。同时，在拐角处放置些竹篓、木箱及人工制作小木屋，甚至土洞，供龟躲避或冬眠用。多数陆龟是畏寒动物，因此，需要提供一个大小适宜的木屋，内有取暖装置，冬季来临时供龟越冬。

（4）海栖类 国内目前尚没有商业化养殖海龟，仅水族馆、动物园、保护区以保护和宣传科普知识为目的的饲养。海栖类的海龟是大型龟类，雌龟除产卵外终身不上岸；生活环境应宽敞，可不设陆地，直接用天然海水或人工配制海水饲养。

126 水栖龟类饲养池应如何建造？

（1）种龟池应该如何建造 种龟池饲养具有繁殖能力的种龟。种龟需要足够的阳光和产卵场，故种龟池常建在阳光充足、环境僻静、背风向阳且排灌方便的室外，也有在自家楼顶建池饲养种龟，也有修建在室内的。另外，水电齐全也是其必备条件之一。

水是重要条件之一。池塘应有良好的水源，无论是江河、泉水、湖泊和水库等均可，但不能污染。使用一些工厂和矿山排出的工业废水时，最好事先有较准确的水质报告。

种龟池既有土池也有水泥池，其形状无具体要求，可根据场地因地制宜，一般以长方形、圆形为主。若实行鱼龟混养，则以长方形为好，便于操作管理。池子以东西向长、南北向短为宜，使龟池有较多的光照时间。面积不宜过大，一般在 200 米² 左右；若面积过大，一旦发生疫病会难以控制。种龟池由陆地部分和水面部分组成，其中，水面积可比陆地面积大。水陆面积比为 6∶1，南面作产卵场（陆地），场内铺沙土并栽植低矮植物或建半人字形防雨篷，既起到防雨作用，又具有遮阳作用。水陆间建有 30°～40° 斜坡，便于龟上岸休息和产卵。若建土池，以壤土为好，沙土保水性能差，容易渗漏。水池可由浅入深，最深以 100～130 厘米为宜，若鱼龟混养应加深水位。为保持水位的稳定，防止产卵场被淹没，应在池上方设置溢水口。池塘中央应搭建晒背台（用木板、石棉瓦、毛竹等材料制作），供龟休息晒壳。

（2）成龟池应该如何建造　成龟池是将 200 克左右的龟饲养成 500 克左右商品龟的生产场所，一般有室外精养和鱼龟混养两种模式。具体建池要求可参照种龟池的方法。若新建水泥池，要注意水泥内含碱性物质对龟的刺激，强碱物质易使龟的皮肤糜烂、口腔黏膜及眼睛角膜充血引发炎症。因此，在放养前用 1 000 毫克/升的过磷酸钙溶入水中浸泡 1～2 天，中和碱性，然后注满水浸泡数天。在放入龟种前，最好先用 15～20 毫克/升的漂白粉或 1 毫克/升强氯精对池水杀菌消毒，2 天后放入龟。也可用消特灵 1 包加水 25 千克喷洒池子消毒，第 2 天再放龟。成龟池内可不设产卵场，但必须设置晒背台，供龟晒壳。

（3）稚龟池的建造　稚龟池通常建在室内，一般为水泥砖石结构，面积为 5～20 米²，形状多为长方形。池深 50～80 厘米，水深 10～20 厘米，池底铺沙 3～5 厘米。条件不满足时，也可用盆缸养，盆内需铺细沙土。若加温饲养或场地较小，可建造立体稚龟饲养柜。

（4）幼龟池的建造　幼龟池可建在室内或室外，面积为 10～30 米² 的水泥砖石结构。池的一侧用水泥板做一斜坡，供幼龟上岸休息，池底出水口应比其他平面低 1～2 厘米，使水能彻底排尽。若冬季加温饲养，应在池上加盖薄膜。

127 陆栖龟类饲养池应如何建造？

陆栖龟池（也可称为龟舍）可选择半自然的环境，仿造陆龟野生条件建造人工池或龟舍，可获得良好效果。

陆栖龟池应选择在地面开阔、地势平坦、背风向阳和周围无噪音的地方，不宜建在地势低洼地。周围采用玻璃钢瓦、水泥板、木材等物将地间隔成数个区域，区域的大小依龟的体型而定。种龟池、成龟池内的朝南处应铺设沙土，供龟产卵。在每个区域的中央埋设 0.5～1 米² 浅水盆，也可砌水泥池，池深不超过 5～10 厘米为宜，池内铺垫沙或土，栽植一些植物，仿造自然界环境。同时，在拐角处放置些竹篓、木箱及人工制作的小木屋，最好是土洞，供龟躲避或冬眠用。为使体弱、患病的龟冬季能安全越冬，应建温室，冬季来临时，将龟移入室内。稚龟池、幼龟池的深度应保持在10～20 厘米，并用铁丝网罩或其他金属网罩着，避免狗、老鼠等敌害侵犯。

128 半水栖龟类饲养池应如何建造？

半水栖龟类饲养池的环境、形状和大小，可参照陆栖龟类的建造方法。不同的是，半水栖龟类需要浅水区域，水与陆地间有一定坡度，坡度以 20°～30°为宜。水最好是流动水，既能保持水质，又可饲养一些活饵料，供龟捕食。在陆地上布置一些人造洞穴，供龟日常躲藏和冬眠之用。另外，在离水较远的陆地上，铺放沙土供龟产卵。

129 龟类养殖中如何选用加温设施？

加温设施，一般应用于水栖龟类和陆栖龟类养殖中。

（1）水栖龟类的加温器材 水栖龟类多使用直接对水加温的潜水式恒温加热棒。该装置使用简单，安全可靠。在使用前先调整恒温刻度，然后将插头直接插入插座通电即可。初次使用时需观察2～3 小时，待一切正常后方可将龟放入水中。若龟体较大（重250

克），加热棒外部应包以外壳，避免龟接触到加热棒。选购加热棒时必须根据龟的体型大小，选购功率恰当、质量可靠和正规厂家生产的产品。由于加热棒是放置于水中使用，质量差的加热棒易渗水而漏电，导致龟触电死亡。故选购加热棒时，切忌贪图便宜而因小失大。

（2）陆栖龟类的加温器材　陆栖龟类加温的方式很多，分为增加气温（增加饲养环境的空气温度）和增加体温（增加龟的体温）两种。增加气温的工具，有灯泡、聚热灯、陶瓷放热器和暖气机等。灯泡加温是最原始的方法，一般用白炽灯泡，它价格合理，经济实惠。加热时将灯泡悬挂在木箱上端；聚热灯是第二代加热设施，其优点是：它能将光和热集中，使光和热不分散，但聚热灯价格较普通灯泡贵；陶瓷放热器是第三代加热设施，构造先进，加温效果好，安全可靠，不足之处是价格高，不能发光；暖气机类似空调，适用于饲养场地大、龟数量较多的情况，但暖气机因功率较大（多在 1 000 瓦以上），耗电较多，家庭使用不方便。增加体温的工具是保温片（石）。保温片似电热毯，保温石似电烫暖手炉。它们通电后能发热，龟趴在上面能增加体温，使龟分泌足够的消化酶消化食物。加温方式不同，效果也不一样。增加气温的方式，可以使龟窝的温度完全升高，龟呼吸时，吸入的气体温度高，可以促进体内各种活动，增强免疫能力。若使用增加体温的方式，只能使龟的腹部温度升高，龟窝内的温度仍然较低。龟呼吸时，吸入的气体温度低于体温，龟易受凉患病。所以，冬季为陆龟加温时，最好用泡沫和木条制作的陆龟窝、适用于水栖龟类的各种加热棒（带外壳的金属加热棒），将两种加温方式搭配使用，如喂食后，使用增加体温的方法促进龟消化。

130 选购龟类的方法和要领有哪些？

选购龟类通常采取看、掂、拉、扒、戳、查和询问等方法，凡有下列表现的一般可视为健康的龟。

（1）看　把龟放在地上，龟能以四肢支撑躯体爬行自如，且能主动进食。龟双眼清亮，炯炯有神，眼球上无白点和分泌物。龟的体表应无伤痕和不正常的臃肿（即有无注水现象）。龟的肌肉应饱满富有弹性，皮肤有光泽，鳞片完好无损，爪不缺损。龟的腋胯处及颈后有无寄生虫。龟的鼻嘴处应无黏液和其他异样。当把龟放入水中时，立即沉入水底并爬动（陆栖龟、半水栖龟除外）。

（2）掂　将龟拿在手中掂一掂，感觉较重为好。

（3）拉　用手拉龟的四肢，感觉有股向内收缩的力，且不易拉出，手一松四肢立即缩入壳内。

（4）扒　如用匙等硬物扒开龟的嘴，龟的舌头应呈粉红色（少数种类呈黑色），表面有薄薄的白苔或淡黄苔。

（5）戳　选用一硬物刺戳龟的体表或四肢，龟反应灵敏。

（6）查　查龟的粪便，凡粪便呈圆柱形长条状者为正常。

（7）询问　向龟主人询问龟的来源以及是否经过人工投喂（野生龟的四肢肌肉肥厚适当）等。

在选购中，凡遇有以下现象则视为不健康的龟：①龟四肢托着躯体，腹甲沿地拖着缓慢爬动者，且嘴鼻部有黏液或出血等异样症状；②龟的四肢肌肉干瘪，用手向外拉时，感觉龟的四肢无力，收缩力较弱，皮表无光泽；③把龟放在水中，较长时间漂浮水面或整个身体倾斜在水中，不能沉入水底（陆栖龟类、半水栖龟类除外）；④将龟放在手中掂量，感觉重量与体型不符、轻飘飘无分量，并且其粪便稀软。

131 龟类饵料种类、加工、投喂有哪些要求？

（1）饵料种类　人工饲养条件下，动物性饵料包括小鱼、小虾、泥鳅、猪肉和猪肝等动物肉类。活体动物饵料包括蚯蚓、蜗牛、蠕虫、黄粉虫（面包虫）和小金鱼等。日常投喂饵料应依据当地饵料的货源、价格、数量等因素决定。鱼很容易获取，且四季不断，是大多数养殖户常用的饵料。植物性饵料包括水藻、树叶、水果、蔬菜和花草等植物为主。陆栖龟类饵料包括槐树、桑树、白杨树、桦树和葡萄树叶等。多数植物的蛋白质含量低，粗纤维含量较高，钙的含量高于磷的含量，所以，植物是陆龟最适宜的食物种类之一，如野艾、蒲公英、芦苇、仙人掌、三叶草和车前草等。

人工合成饲料是用鱼粉、矿物质等原料合成。对龟而言，它营养全面且丰富。目前，市场出售的人工合成饲料以鳖类和水栖龟类为主，国产陆栖龟颗粒饲料较少，进口陆栖龟饲料较多。饲料分为浮性膨化饲料和沉水颗粒饲料；形状有粉状、颗粒和长圆条状。

（2）饵料加工　饵料投喂前需清洗、切碎后再投喂，无需蒸熟煮熟。有些食物必须加工后才能投喂，如给重100克左右的龟投喂小河虾时，应剔除虾头的坚硬部位，连壳一起投喂；投喂蜗牛和田螺时，应将壳敲碎，便于龟撕咬，也可搅碎后投喂。对一些动物性食性的龟，可将食物、植物掺和在一起搅拌成泥状后投喂。植物性饵料投喂前必须剔除烂、腐部分，浸泡洗净后，根据陆龟体型大小，将食物切成形状不一、大小不等的尺寸。通常，将圆形的瓜果蔬菜，如西红柿、黄瓜、西瓜等切成半圆形、月牙形和片状，这样便于陆龟啃咬；若投喂莴笋、胡萝卜、花菜等长条形且硬的食物时，需将食物切成有棱角的形状或丝状；叶类蔬菜如莴笋叶、荠菜叶和花菜叶等，可直接投喂。

大型养殖场使用人工合成饵料，是用小型饲料机自行加工。将粉状饲料或鱼加水、食用油，做成泥状、软颗粒状。不同季节可随时添加其他绿色添加剂，以促进龟生长，减少营养性疾病发生，提高养殖成活率。庭院养殖和室内养殖，宜选择颗粒和长圆条状饲料直接投喂。

（3）投喂　饵料投喂各地方法不同，菜叶类饵料直接投喂到池塘，动物性食物放在食台上，有的放在喂食器内；有的直接洒在岸边，每间隔一段距离摆放；也有将食物放在吊篮里，然后再将吊篮放在水下；陆栖龟类的食物可直接投放在地面，也可用浅盆、木板等作食盘，便于清扫和管理。食台可设在池塘四周或一边，食台通常用石棉瓦斜放入龟池中，水下1/3、水上2/3。投喂饲料开始在食台的水下，逐步移到水上投喂，有利于观察摄食情况并减少残饵。投喂量以1～2小时内吃完为宜。投喂饵料应坚持多样化原则，以提供丰富的口味和营养。

 龟类养殖密度应该多大为宜?

龟类的养殖密度,将直接关系到龟的生长速度,且关系到龟的成活率。养殖密度过高,不仅制约龟的生长,而且极易引发龟患病。若放养的密度适宜,龟生长快,发病率相对较低。由此可见,龟的放养密度不可掉以轻心。什么样的密度较适中呢?一般情况来说,每平方米稚龟控制在60~80只,成龟(体重300~750克)以5~8只较适宜。

 饲养龟的水要满足哪些要求?

水是龟类(陆栖龟类除外)动物的生活空间,也是疾病传播的媒介。因此,水质好坏直接影响龟的健康。只有了解各种水环境变化的特点和彼此间的关系,掌握龟类对水环境的要求,才能在养殖过程中避免工作失误,减少经济损失。

饲养龟的水,应从水源、水温、水色、pH四个方面入手:

(1)水源 养殖龟的水源多来自湖泊、水库和池塘等,只要水无污染,均可用来饲养龟类。

(2)水温 龟类是变温动物,其活动、摄食等完全受环境温度的影响。可见,对于生活在水中的水栖龟类而言,水温高低直接影响龟的生长、生存,且其他环境条件也受到水温的制约。

实践证明,生活于热带的龟类,适宜生活于20℃以上的水温环境中。当水温高于20℃以上时,一切活动正常,最适宜水温为25~30℃;当水温低于20℃时,龟进入冬眠阶段,如果水温继续下降至5℃左右,且维持在3个月左右,一部分龟将出现不适应特征,甚至出现死亡现象。生活于四季分明地域的龟类,在0~35℃的水中都能健康生活。水温0~15℃时,它们进入冬眠期;15~35℃时,大多数龟能主动吃食、爬动和生长。大多数陆栖龟类喜欢高温环境,所以,陆龟的饮、泡澡水的温度,应同环境温度相同或高于环境温度。

（3）水色　水色通过透明度来衡量。水体透明度大小，直接影响水中浮游植物的光合作用。透明度过大，说明水中生物量少，水不肥；透明度过小，水中有机物较多，水质易恶化。因此，通常透明度在 20～30 厘米为宜。

（4）pH　pH 表示水的酸碱度。pH 过高或过低，都对水生生物和龟类不利。如 pH 过高，水栖龟类易患白眼病。通常，pH 在 6.8～7.5 较适宜。

134 龟类养殖如何进行日常管理？

日常管理工作，主要包括消毒、洗池和巡池等活动，此外，还应注意保持适宜的温度、湿度和水量。龟类活动、摄食、繁殖等都受环境温度的影响，其代谢及一切生理过程均受温度制约。一般地说，大多数陆栖龟类和东南亚龟类不能长期生活于 15℃ 左右的环境中，适宜生活在 25℃ 左右的环境中，但四爪陆龟却能在 2℃ 左右的环境中度过 4 个月的寒冬。我国多数龟类均能在 0℃ 左右的环境中度过 6 个月漫长的寒冬，海水栖龟类和凹甲陆龟、缅甸陆龟例外。水栖龟类来自于世界各地，对水温的要求也存有差异。产于东南亚一带的水栖龟类对环境温度要求较高，水温 22℃ 以上才能吃食，水温 10～15℃ 停食，较少活动，进入冬眠状态，但冬眠期超过 3 个月有患病死亡危险。而我国大多数水栖龟类较耐寒，在寒冷的冬季能安全冬眠长达 6 个月之久。龟对水温的反应非常敏锐，无论来自热带、还是亚热带、或是寒带的龟，大多数个体都在水温 22～25℃ 进食（有些种类虽在水温 15℃ 左右也能进食，但易患消化不良和肠炎等病症）；水温 22～32℃ 是多数种类的适宜温度，水温 10～15℃ 停食。

水栖龟类离不开水，水质管理的好坏决定龟的健康。外塘水色通常以清澈呈淡绿色较适宜，透明度在 15 厘米左右。若水发黑、发灰，应及时换水并采取相应措施。对一些特殊的水栖龟类，在饲养过程中应在水中加少许盐，如菱斑龟，若不使用浓度较低的盐水饲养，其皮肤易有白色腐皮，严重者皮下出血而死亡；随着时间推移淡化后，可直接使用淡水。新入池的水栖龟类或半水栖龟类，水位应以浅水为宜，便于龟上岸休息；发现腹甲朝上的龟应即时翻转，避免长时间曝晒。水栖龟类可生活在较深的水中，但不适宜饲养于水位不高不低的容器中。龟有攀爬习性，如果龟生活在水深与龟背甲高度几乎相等的环境中时，一旦跌个四脚朝天（腹甲朝上）时，其头部被淹在水中，因不能及时翻转（有些龟能翻转），头又不能露出水面呼吸，结果窒息死亡。所以，布置背甲长6厘米以上的龟生活环境时，水位宁愿高，超过龟背甲高度10厘米以上较适宜（对某些不上岸的龟类，水位可再深一些），若龟翻个底朝天，它头部用力撑容器底部，四肢不停地划动，借助水的浮力，能轻易翻身；特别注意，池塘四周或中央应有晒背台，供龟随时上岸休息。若受容器限制，水位不能加高，水位应保持在龟壳1/2以下，这样，龟翻肚时，其头部仍然能露出水面呼吸，生命不会受到威胁。幼龟的水位以不超过龟壳为宜。

冬季，一些耐寒的龟类，如分布于中美洲、北美、亚洲北部等地的水栖龟类均能自然冬眠。龟冬眠前需检查健康状况。主要内容包括：近期粪便是否正常，外表是否有溃烂，体重是否增加（比3个月前），眼睛是否肿胀。对一些不健康的龟和背甲5厘米以下的幼龟，宁愿不让它们冬眠，也不能冒生命危险使龟冬眠。健康龟可直接放在原生活环境中（也可放在潮湿的沙中），水位降低到能使龟能伸长脖子后露出水面换气即可。整个冬季只需少量换水即可。但需要经常看看龟，如出现鼻部红肿、眼睛肿胀等异常现象，应立即解除冬眠。刚开始加温应由低到高，逐渐升温。切忌从低温直接上升到28℃。

无论是陆栖龟类，还是水栖龟类，它们都需要饮水，都需要从食物中不断获取水分，尤其是冬眠期，更不能忽略环境的湿度。多数陆栖龟类虽喜生活于干燥的环境中，但必须为它们提供泡澡的水盆或水池；对幼龟或稚龟应每隔3~5天泡澡，泡澡对红腿陆龟等潮湿型的龟类很重要；饲养场内设置饮水盆，经常提供水分多的食物。水栖龟类大多喜生活在水边或水中，冬眠期间也在水下冬眠或钻入洞穴中。

一些生活于东南亚和热带的龟类，因畏寒，不能长期生活于低温（10℃以下）环境中，因此，对不耐寒的龟和不健康的龟，必须采取非冬眠方式饲养。非冬眠是人为采取的加温方式，水温或室温保持28℃左右，使龟正常活动、吃食。

135 养殖龟类的注意事项有哪些？

（1）养殖的合法性　人工养殖，是保护、发展和合理利用龟类资源的一条有效途径。但必须提醒养殖户注意：我国有关法规明文规定，饲养繁殖和利用野生动物，必须到当地林业厅或农林局办理驯养繁殖许可证和经营利用许可证，且国家重点保护动物禁止贸易。就龟类而言，到目前为止，我国已有10余种龟类被列为国家一、二级保护动物；除已被列为保护的龟种外，所有的龟类都是《三有名录》的成员；除此以外，我国大多数省（自治区、直辖市）都已制定相关法规条例。如金钱龟、黄缘闭壳龟都是国家二级保护动物；乌龟和黄喉拟水龟均被列入《三有名录》；乌龟在安徽省和山东省是重点保护动物之一。由此可知，无论饲养哪一种龟，都应该申请办理有关许可证，但众多养殖户却忽视了这一点。

①办理《驯养繁殖许可证》的方法：首先，驯养繁殖野生动物的单位和个人，向所在地县级政府野生动物行政主管部门提出书面申请，并填写《国家重点保护野生动物驯养繁殖许可证申请表》。驯养国家一级重点保护野生动物的，需由省（自治区、直辖市）政府林业行政主管部门报国务院林业行政主管部门审批；驯养国家二级重点保护野生动物，由受理部门报省（自治区、直辖市）政府行政部门审批。

②申请《驯养繁殖许可证》需要具备的条件：具备适宜养殖野生动物的固定场所和设施。具备与驯养繁殖的野生动物种类、数量相适应的资金、人员和技术。动物的饲料有来源、有保障。

③有下列情况之一的，将不批准发放《驯养繁殖许可证》：野生动物资源不清；驯养繁殖尚未成功或者技术尚未过关；野生动物

资源极少，不能满足驯养繁殖种源要求。

（2）提高受精率　乌龟、黄喉拟水龟和红耳彩龟等龟种的孵化技术已相当成熟，关键是如何提高卵的受精率。有养殖户介绍：每年秋末、初冬之际，将雌雄龟分池饲养，翌年开春再合池，这样有助于增加雌雄龟之间的相互吸引力，能提高卵的受精率。

（3）稚龟成活率　在稚龟饲养过程中，开食和相互咬尾两大问题直接影响稚龟成活率。大多数稚龟刚出壳1周内不吃食，有养殖户将新鲜猪肝（其他新鲜小鱼、肉类等均可）剁碎拌在混合饵料中引诱龟，大多数龟能提早开食，部分龟开食后，其他龟也会跟着吃食。互相咬尾现象，是大规模养龟场都会遇到的难题之一。稚龟尾部长且细，似细小游动的蚯蚓，饥饿的稚龟误认为是饵料而互相撕咬。断尾龟的断裂处有股腥味，更易被同伴啃咬，所以，一旦发现断尾龟应立即隔离。另外，因饲养密度过大，造成稚龟活动空间窄小，饥饿或捕食时误食龟尾，因此，饲养密度也是稚龟互相咬尾原因之一。多数养殖户认为：每平方米饲养50只左右较适宜。不过，有的养殖户则认为，饵料中缺钙也是原因之一。

（4）疾病防治　受饲养温度、密度、饲料和水质等诸多因素的影响，龟类疾病问题日趋严重，尤其是温室养殖，发病率更高。目前，从发病的病源来看，主要以细菌性疾病和真菌性疾病较多。据有关文献报道，在细菌性疾病中，沙门氏菌和柠檬酸菌更易导致龟发病，它们通常使龟患败血症、肺炎、白眼病和口腔溃烂。病龟常表现出停食、伸长头颈且张大嘴（有的能发出"呃"的声音），皮下或甲壳下出血、皮肤溃疡和眼睛肿胀等症状。对此病症通常首选广谱抗生素，如庆大霉素、增效磺胺甲基异恶唑和卡那霉素。真菌普遍存在于动物的饲养环境中，常常通过皮肤侵入龟体。被真菌感染的龟，甲壳溃烂，皮肤表面有白色溃疡性坏死物，后期易患败血症死亡。细菌性和真菌性疾病都是传染性疾病，一旦发现病龟应立即隔离并消毒，避免全池龟感染发病。除以上2种疾病发病率较高外，缺钙、寄生虫和创伤在龟类也有发病现象。

我们知道，龟是变温动物。它们的免疫系统依赖于环境温度的高低，环境温度一旦低于自身的最适温度，病菌立即侵入其体内，导致龟发病。因此，日常管理中，正确保持温度是预防龟患病的关键，也是减少经济损失的重要方法之一，同时，加强环境管理也是必不可少的另一种手段。

136 龟在冬眠前应做好哪些准备工作？

（1）检查龟是否有寄生虫。

（2）仔细观察龟的粪便是否正常。

（3）冬眠前将龟放入水温 25℃ 左右的水中，水位低于龟的背甲高度，使龟体内的粪便排空。健康的龟则使其自然冬眠，冬眠后，应在龟舍内铺垫上少许稻草或棉垫，以起保温作用，并保持饲养箱内潮湿，将饲养箱放置在室内。

（4）对于不健康的龟，应采取加温措施使其不冬眠或结束冬眠，正常喂食、管理。

137 龟在冬眠期应如何管理？

龟的冬眠管理，重要的一点就是龟在未冬眠前 2～3 个月里，要充分投喂好龟，使其体内储存足够的冬眠营养物质，以免龟在冬眠中营养耗尽而死去，这就是为什么龟在冬眠将要苏醒时往往死去的原因所在。

龟在冬眠时，一定要选个宁静的环境，平常不要轻易去干扰惊动它；同时，要防止一些天敌对龟的侵害，如老鼠、蚂蚁等。喂养狗猫宠物的家庭，也要将其宠物管好，以防它们去侵袭龟的冬眠。

138 水栖龟类如何进行冬眠管理？

大多数水栖龟在水温 1℃ 以上环境中能安全越冬。－2℃ 时，短时间内（1 周左右）龟不会死亡。它们通常潜入水底或躲在岸边的洞穴、树叶和石缝中冬眠。家庭饲养的水栖龟类，冬眠时可以采用三种方法：

（1）将它们移入室内，缸中放置少量水，水位超过龟背甲高度。半水栖龟类（地龟、黄缘闭壳龟）的水位，不超过龟背甲高度。

（2）体型小的龟可放置在潮湿的沙中，龟会自己钻进沙中冬眠。

（3）将龟放在一个木箱子里，上面盖上潮湿的稻草、棉布等保暖物，让龟在其中冬眠。冬眠期应对龟进行不定期的检查。发现虚弱或生病的龟，应立即隔离，并结束它的冬眠状态，先用温水浸泡，然后加温饲养，并采取相应治疗措施。

139 陆栖龟类如何进行冬眠管理？

野外的陆栖龟通常在气温降低时，寻找或挖1个洞穴将自己藏在其中。为确保家庭饲养陆栖龟的成活率，通常将环境温度保持在10℃左右，让它们冬眠，否则龟长期受冻易患病死亡。陆栖龟的龟窝内铺垫稻草、棉垫、沙、干净的树叶、碎布或揉松的报纸等保暖物品。有些陆栖龟冬眠时环境中需要保持一定的湿度，可隔几天在保暖物上洒少量的水。陆栖龟类冬眠期间还需要进行不定期检查，摸摸它们的腿，看看反应如何。如果它们在气温尚低时从冬眠中醒来，不能拿出来玩赏，甚至喂食，应采取措施使它们继续冬眠，如重新覆盖报纸或沙，略降低温度等。3～4月气温升高时，冬眠中的龟渐渐苏醒，并开始活动。此时给龟洗一次温水澡，让它们长时间饮水，补充冬眠消耗的水分。根据温度高低可适当投喂食物，喂食后确保龟窝温度在25℃左右。

多数陆栖龟不耐寒或只能忍受短期（1～2月甚至更少）的低温。对于这些陆栖龟，应采取加温措施，正常喂食、洗热水浴不让它们冬眠。在冬季，它们的摄食频次和食量应减少，通常每2天投喂1次，每月洗温水澡1次。

140 黄喉拟水龟如何进行人工饲养？

（1）种龟的选择　种龟最好从专业养殖场购买，因为养殖户驯养的龟已适应人工饲养环境，成活率高。如果从市场收购，宜在

5～8月，需要逐个检查龟的体质状况及口中是否有钩。雌龟体重达到250克、雄龟体重达到200克左右时性成熟。一般来说，健康的龟应具备三个条件：①反应灵敏，两眼有神，四肢肌肉饱满、富有弹性，能将自身撑起行走而不是腹甲拖着地走；②体表无创伤和溃烂；③将龟放入深水中，龟能下沉。

黄喉拟水龟的产地不同，生长速度存在一定差异。目前，来自越南和我国广东、广西的黄喉拟水龟生长速度高于江苏、浙江等地的黄喉拟水龟。养殖户以产地不同，将它们分为南方种和北方种。南方种体重达2千克以上；北方种体重仅能达0.5～1千克，且北方种价格低于南方种价格。南方种和北方种在外形上存在一些差异。南方种成龟背甲深棕黑色，腹甲黑斑较大，并集中在腹甲中线；稚龟和幼龟背甲中央有1条黑色纵纹。北方种成龟背甲棕黄色，腹甲黑斑纹较分散，不集中在腹甲中线；稚龟和幼龟背甲中央无1条黑色纵纹。

（2）种龟的放养　龟入池前，需用高锰酸钾或消毒灵浸泡。放养密度为3～5只/米^3，雌雄比以3：（1～2）为宜。

（3）日常管理　黄喉拟水龟为杂食性，取食范围广。人工饲养条件下，可喂小鱼、家禽内脏等动物性食物。该种龟也可喂混合饵料，但需要一段适应期，首次投喂时应将新鲜饵料和混合饵料掺和在一起，捏成团，放在水边。连续投喂数次，待大部分龟适应后，可直接投喂混合饵料。黄喉拟水龟喜在水中觅食，故食物宜放在水边的食台上。投喂的数量以龟吃的不剩为宜，一般为龟体重的5％。投喂时间因季节而异，4月、5月、10月宜在中午前后；6～9月宜在8：00～9：00或18：00左右；7月是龟产卵的旺季，应增加投喂量。

小面积的饲养池，应每周换水1/3；大面积的龟池，应每2～3天排出部分老水，加入新水，并且每周用石灰水泼洒。

日常管理中应做到勤巡查、勤记录。巡查可以了解龟的活动生长进食情况。每天早晚各1次，随机抽查2～3个龟的健康状况，并对气温、水温、活动、患病和进食等情况一一进行记录。

141 闭壳龟养殖中应注意哪些问题?

养殖稀有闭壳龟类是当前龟类养殖中的热点,但养殖闭壳龟类刚刚起步,甚至有些种类尚无人工繁殖的先例,在饲养技术、繁殖手段等问题上尚无成熟的经验可供参考。如果盲目养殖闭壳龟类,势必会出现意外而亡、患病而死的现象,这非但没有拯救闭壳龟的厄运,反而加速它们的衰亡,同时,也损害了投资者的利益。因此,养殖闭壳龟类要持续健康发展,需注意以下几个问题:

(1) 合法养殖 饲养繁殖是拯救闭壳龟类的有效手段之一,也是发展和保护闭壳龟类资源的重要途径。所以,饲养繁殖闭壳龟类应值得提倡,但同时也必须提醒养殖户:在2001年,7种闭壳龟已全部被列入《濒危野生动植物种国际贸易公约》附录二。也就是说,闭壳龟类是禁止贸易的物种,必须在饲养繁殖种群达到一定规模后方可允许利用。目前,我国有关法规规定,饲养繁殖野生动物,必须办理驯养繁殖许可证,故饲养闭壳龟类也不例外。所以,投资者在引种前应先到当地林业厅或农林局咨询相关政策,切忌盲目饲养,避免因触犯国家相关法规而前功尽弃。

(2) 正确选择养殖的种类 世界上现存7种闭壳龟。从保护龟类资源的角度来说,养殖任何一种闭壳龟都有其重要意义和必要性,但就养殖闭壳龟产生的经济效益来看,正确选择闭壳龟的种类,直接影响养殖户的切身利益。金钱龟仍然是众多养殖户选择的对象,因其有生长速度快的特点,若养殖龟苗,采用加温饲养方式,将有获益的机会。同时,直接引进当年能产卵的种龟,也是一种获益的方法。周氏闭壳龟、百色闭壳龟以稀有而受青睐,但有关它们的饲养、繁殖方面的资料匮乏,对不谙龟类知识或不熟悉龟类习性的投资者来说,养殖它们不仅对龟的健康不利,对投资者来说也是得不偿失。安布闭壳龟因市场上数量较多,体色单一和价格低廉的因素,多年以来始终未引起养殖户的注意。养殖不同的闭壳龟种,取得的效益也迥异。

(3) 种类鉴别 正确识别闭壳龟是饲养繁殖闭壳龟的前提,也是确保养殖户获利的基础。因金头闭壳龟、金钱龟、周氏闭壳龟等稀有龟种数量较少而供不应求，一些商户利用人们急于求货获利心理和许多养殖户尚未见过一些稀有龟种的活体甚至照片也未见过的现状，用黄额闭壳龟、黄缘闭壳龟等龟种冒充，以次充好。常见的现象有用黄缘闭壳龟冒充金头闭壳龟。因为，黄缘闭壳龟的别名为金头龟，产地与金头闭壳龟一样均产于安徽，故养殖户易上当。其次，用背甲上有3条纵条纹的黄缘闭壳龟（亚种之一）冒充金钱龟。这种黄缘闭壳龟能闭壳，有的个体背甲略呈棕红色，与金钱龟极相似。

（4）苗种质量　苗种质量是健康养殖闭壳龟的关键。挑选苗种，可从龟的外观、体重和精神状态入手，如皮肤是否溃烂、爪是否齐全、抓在手中是否感觉轻、是否吃东西和四肢是否有力等。另外，种龟是否是加温饲养，龟是否是自己饲养过一段时间还是刚刚转手而来。更为重要的是购货时应见货付款，这样可以避免先付定金而上当受骗的现象。

（5）饲养方式　闭壳龟的饲养方式，是指养殖户在冬季饲养过程中采用加温或非加温的饲养方法。通常来说，饲养苗种用加温的方法，在短期内使龟长大成为商品龟，当年获益。而饲养种龟必须用非加温饲养方式，否则种龟不冬眠有不产卵或少产卵的现象。有的养殖户为提前获益，将冬眠期缩短为3~4个月（正常冬眠期为5~6个月）的饲养方法，使龟提前产卵而得益。

142 金钱龟的种龟应如何选择？

（1）年龄　种龟分野生、人工饲养两种。野生金钱龟的生长速度慢，背甲每块盾片上均有清晰、密集的同心环纹，称生长年轮。雌龟体重达1 250~1 500克、雄龟700~1 000克性成熟。人工饲养金钱龟的同心环纹稀疏，每条同心环纹间的距离较大，有些龟的体重虽已达2 000克左右，但它们的生长期仅有2~3年。所以，购龟时应选野生龟，在产卵前引种，龟当年可产卵。若选择人工饲养的亲龟，不能仅以龟体重为准，应以龟年龄为主、龟体重为辅。

（2）体质　健康龟的外形匀称，体质肥壮，眼睛有神，牵拉四肢，感觉非常有力；无断尾现象。泄殖腔孔较紧，不松弛，能主动吃食。雌龟的后肢不缺爪，否则将影响雌龟挖穴产卵。

（3）性比例　雌雄龟比例以 2：1 为宜。雄龟过多，交配季节易引起雄龟间的争斗，严重者被咬伤；雄龟较少，则会影响卵的受精率。

143 金钱龟的种龟如何进行日常管理？

（1）水质　金钱龟喜生活于水中，水质好坏直接影响龟的健康。一般用无污染的井水、湖水等，用自来水测试 pH。池塘饲养龟的水色淡绿色最佳，透明度 25～30 厘米为宜。无论是池塘饲养，还是水泥池饲养，在养殖过程中，换水次数、换水量，应视水质、水色和季节情况而定。

（2）投喂　金钱龟属杂食性龟类。人工饲养条件下，投喂饵料种类主要有鱼、虾、螺、蚌、蚯蚓、南瓜、菜叶和混合饲料。投喂过程中坚持定质、定量、定时、定点。污染的饵料宁可浪费，也不能投喂，否则将因小失大。投喂时间因季节不同而有差异，春、夏、秋季每天 9：00～10：00 喂 1 次，每次投喂量为龟体重的 5%左右。饵料需放在饵料台上，剩余饵料及时清除，并用清水冲洗地面，以免蚊蝇叮咬。

（3）管理　日常管理主要是做好消毒、查看和记录工作。消毒是定期对池塘消毒，使用的消毒药物应需经常更换。每天对池塘水位、水质、龟健康和龟敌害必须进行检查，发现问题及时解决，并对每天的气温、水温、龟粪便等情况做详细记录。

144 金头闭壳龟的种龟如何选择？

（1）种类的识别　金头闭壳龟是我国稀有龟类之一，现存数量极少，但市场需求量却逐年递增，价格上扬。一些供应商受高利润诱惑，以一些别名是金头龟的龟种冒充金头闭壳龟，常用龟种有黄缘闭壳龟、黄额闭壳龟和潘氏闭壳龟。

（2）选购的标准 选购金头闭壳龟除满足体表无伤、活动正常、粪便无异状和主动吃食的常规条件外，选购时间、是否冬眠和其他一些条件也是不可忽视的。选购金头闭壳龟宜在每年4～10月，这期间健康的龟能主动进食，活动频繁。若11月至翌年3月选购龟，因受温度影响，龟已进入冬眠期，这时的龟停食、少动，患病的症状难以被察觉。种龟是否冬眠直接影响到产卵数量，故尽量选购冬眠的龟。龟是否具有健全的爪，对于雌龟来讲，直接影响其挖洞穴；对于雄龟来说，则影响其交配能力。健康的龟应能沉入水底，而不是漂浮在水面。

145 金头闭壳龟如何选取饵料进行投喂？

（1）饵料 人工饲养条件下，金头闭壳龟饵料以河虾肉、龙虾肉、小鱼、金鱼、蚯蚓、黄粉虫（面包虫）、家禽内脏和混合饵料等均可。龟食物以品质新鲜、种类多样为准。

（2）投喂 投喂饵料应坚持"三定一看"的原则。即定投喂时间、定投喂地点、定投喂量、看龟活动状况。定投喂时间：固定投喂时间和投喂地点，使龟形成条件反射，当饲养者站到投喂点时，健康的龟很快就有捕食的欲望，非健康龟则反应迟钝，投喂时间以10：00左右为宜。定投喂量：投喂的数量并非越多越好，肥胖的龟有不产卵的现象，每2天投喂1次，投喂量为龟体重的3‰～5‰。

（3）水质管理 金头闭壳龟对水质要求较高，喜欢清澈流动的水。水中饲养一些水生植物，如水葫芦、浮萍等。夏季天气闷热，应给水中增氧和更换部分新水。冬季，应做好保温工作，防止水结冰而冻伤龟，水温保持在5℃左右为宜。

146 饲养金头闭壳龟需要注意哪些事项？

（1）饲料多样化 金头闭壳龟的饲料应多样化，如蚯蚓、黄粉虫、虾、猪肉和鱼肉等。饲料多样化，能确保龟体内营养平衡，有利于龟产卵。曾有一养殖户投喂单一的食物，龟有不产卵的现象。

（2）请勿与其他龟种混养 金头闭壳龟是一稀有种，无论是从其经济价值，还是从其现存数量来看，它都是我国 30 余种龟类中最珍贵的龟种之一。所以，饲养过程中应谨慎、仔细。为防止其他龟种对它的侵害，以及保持该物种的纯度（防止杂交），金头闭壳龟应单独饲养。

（3）冬季自然冬眠　自然界的金头闭壳龟能自然冬眠。人工饲养条件下，若加温饲养而改变其冬眠的习性，雌龟有不产卵的现象。

（4）防盗　金头闭壳龟种龟的市场价较高，雄龟价格更高。价格高昂，难免引起不法分子的注意，故在饲养龟的同时，还应做好防盗工作。

147 蛇鳄龟如何进行种龟选购和运输？

（1）种龟选购　种龟是指在自然条件下生长、年龄达 3～4 年、体重达 1 千克以上的蛇鳄龟。种龟主要用于繁殖。商品龟是指经过加温饲养、体重已达到种龟的体重，但产卵少或不产卵，这种商品龟多用于食用、药用和观赏。鉴别种龟和商品龟的方法是：商品蛇鳄龟的腹甲肥厚，四肢肌肉饱满，四肢收缩时腋窝、胯部肌肉突出。种蛇鳄龟的四肢肌肉消瘦，四肢伸展时腋窝、胯部凹陷。由于种蛇鳄龟销路好，货源紧缺供不应求，市场上一些养殖户将商品蛇鳄龟冒充种龟，故选购种蛇鳄龟时应谨慎。目前，市场上出售的 1～2 千克的蛇鳄龟，大部分是养殖户 2 年前引进 5～10 克的稚蛇鳄龟经加温饲养而成，少部分是直接引进的。所以选购种龟前，必须搞清楚种龟的来源，宜到信誉好、规模大、有批文（进口许可证）的养殖场或单位直接选购引进。选购过程中，不能单方面以龟的体重来判别龟的年龄，以防上当。选择龟的标准，可从体质好坏、个体大小两方面入手。

健康蛇鳄龟的四肢应活动自如，爪、尾的鳞片完好无缺。若将龟放在平地上，四肢能将自身支撑起来，腹甲悬空，而不是腹甲拖着地走。龟的皮肤严重溃烂，有出血点，皮下有气泡或肿块，均为不健康的征兆。

首先，将龟拿在手中掂一掂，感觉较沉、较重，则为健康龟；反之，感觉龟体较轻，则为不健康的龟。其次，用木棒、钢管（筷子、铁丝不宜使用）塞入龟嘴边，观察口腔中是否有钓钩的绳头、是否有黏液。最后，拉龟的前后肢，感觉前后肢向内缩，且非常有力。体质强壮的雄龟成活率高，可以与 2～3 只雌龟交配；个体大的雌龟，将来产卵量较多，体重以 1～1.5 千克为宜。此外，雌龟后爪应完整，不能缺损较多，否则会影响雌龟挖洞穴；雄龟四肢爪也必须完好，若缺少较多，势必影响龟交配过程中的爬、跨等动作。

种龟放养以雌雄比例（2～3）∶1 为宜。种龟经消毒液浸泡后，再放入事先准备好的池塘中，按每平方米 1～1.5 只投放。

（2）种龟运输　蛇鳄龟性情凶猛，在无水环境下易互相撕咬。运输前先准备好若干数量的编织袋（俗称蛇皮口袋）。每装 1 只鳄龟，用绳扎紧口，然后再装第二只，再将口扎紧，依次装入。若数量较少，也可将布（勿用纱布）剪成 20 厘米×30 厘米，大小以能包住龟体为宜，对角扎紧。最后装入泡沫箱、木箱或塑料箱等容器内，箱内放置一些水草或潮湿海绵。这种运输方法，可使蛇鳄龟间相互隔离，避免相互撕咬。

148 蛇鳄龟如何进行种龟培育？

（1）春季饲养　初春之季（2～3 月）气温不稳定，高温时龟爬动且吃食，并消耗体内能量，但能量又不能及时得到补充。所以，在 2 月下旬或 3 月下旬时，根据龟体质状况，人为加温，将水温保持 25℃左右，尤其是夜间更为重要。在喂食上，应掌握量少质高的原则，第一次投喂的量不可过多，以龟体重的 1% 为宜，每周投喂 2 次。换水时，新陈水的温差不宜超过 5℃，新水的温度最好偏高一些，以防龟肠胃不适；水位保持在 1 米左右，有利于保持水温。当气温稳定时（4～6 月），在喂食上应做到定点、定量和定时，即喂食的地点固定，投喂的食物数量固定，投喂的时间固定。切忌时饱时饥，否则易引起龟消化紊乱。在管理上，做到"勤换水、勤观察"，即经常更换水，透明度宜控制在20~25厘米，水色以淡绿色为佳。仔细观察龟的活动、粪便和进食等状况，对出现异常情况的龟，应及时采取措施。春季是疾病传播的季节，龟易受细菌的侵袭而发病，搞好龟病预防，对饲养龟类有着积极的作用。

（2）夏季饲养　夏季气温较高，有的地区气温高达40℃，地表温度超过60℃，水面温度超过45℃，此时应要加深水位，使水位保持在30厘米左右，露天池子要遮阴1/5以上或池内放养浮萍等水草之类降温，也可在池边植几棵树。夏季的饲养方法较简单，一般每天喂食1次，喂食后2~3小时换水。

（3）秋季饲养　初秋季节（10月左右）中午前后气温较高，喂食应在10：00~11：00，投喂的食量应相应增大，使龟体内储存足够的营养物质，以确保其安全越冬；15：00~16：00捞净残饵，隔天或根据水质情况换水。11~12月间气温不稳定，白天温度偏高时，龟不但爬动且吃食，当夜晚温度降低，龟则冬眠。根据经验，龟处于这样的环境中易患病。因此，11~12月间，若温度升高，应少量喂食或不喂食。

（4）冬季饲养　体质健康的龟，应使其自然冬眠。水温1℃以上能安全越冬，零下2℃时龟不死亡，但早晨要把冰层打碎，并盖上塑料膜保暖。若龟数量少，可把龟移入室内容器中越冬。对体弱或浮于水面的龟应加温饲养，控制在25℃以上，正常喂食、饲养。

（5）日常管理　日常饲养管理工作中除做好饵料投喂、水质管理外，还需对龟的粪便、进食、气温、水温做检查并一一做记录，发现异常现象，应及时处理。蛇鳄龟不仅能直立和爬树，并能在粗糙的墙面和水泥面攀爬，因此，蛇鳄龟的潜逃能力较其他龟类强，所以应经常检查隔墙和对周围的环境做估计，确定龟是否有逃走的条件。蛇鳄龟虽抗病能力强，但人工饲养条件下，由于温度、饵料和水质等方面因素，龟有时也会患病。龟患病较难发现，这就需要饲养员在日常注意观察龟的活动、觅食和水质等情况时，做到勤观察、勤记录和勤思考，及时发现问题，解决问题。

（6）产后饲养　种龟产卵期间，消耗了大量的营养物质，体质有所下降。因此，日常投喂饲料应以高蛋白质及脂质较高食物为主，如动物内脏等。以增加种龟自身营养的积累，使种龟顺利度过漫长的冬眠期。

149 蛇鳄龟龟苗如何选购饲养？

（1）苗龟选购 选择龟苗，首先要正确识别蛇鳄龟。鳄龟类分为大鳄龟（*Macroclemys temminckii*）和蛇鳄龟（*Chelydra serpentina*）两种。两者外形区别特征见表4-1。其次，将稚蛇鳄龟放入深8～10厘米的水中，观察5～10分钟，浮在水面的龟不宜挑选，沉在水底的龟单独摆放，再逐个检查龟的外表。最后，外表整齐，皮肤无溃烂，甲壳无伤，眼睛有神，不肿胀，口鼻处无黏液和腹甲中央的卵黄囊完全收缩的龟方可选购。另外，龟爪断缺后（从指的根部断），不能重新长出，因此，四肢爪必须完好，尤其后肢的爪不能断缺，否则将影响龟挖卵穴。

表4-1 稚大鳄龟与稚蛇鳄龟的外形区别

	大鳄龟 *Macroclemys temminckii*	蛇鳄龟 *Chelydra serpentina*
体型	体重4～7克	体重4～7克
上颌	似鹰嘴状，钩大	似钩状，但钩小
触须	头部、颈部、腹甲有无数触须	仅有少量
背甲	每块盾片均有突起物	肋盾略隆起
腹甲	棕色	黑褐色
上缘盾	有	无
尾长短	较长	略短

（2）龟苗运输 装运龟苗的容器应符合无刺激、轻便、牢固和体积小的要求。一般可用木箱和塑料箱两种，大小为50厘米×40厘米×6厘米较适宜。箱体侧部、底部各打6～8个孔，孔径5～6毫米。装箱之前，应先准备好网袋，每装1只后，扎

好口，再装另一只，依次装入，然后平放在箱内。每箱放龟2层，每层放少量浮萍和潮湿纱布等能保湿的水草和棉布。装箱前一定要事先联系并落实好车辆、有关证件等事宜，以免耽搁时间，影响龟苗健康。

（3）稚龟入池　稚龟入池前，需用0.01％高锰酸钾水溶液浸泡5分钟。将大小不一的稚龟分池饲养，每平方米30～40只为宜，水深10厘米左右。卵黄囊尚未吸收的稚蛇鳄龟需单独饲养。

（4）龟苗培育　暂养后的稚龟活动较大，摄食能力强，一般投喂熟蛋黄、水蚯蚓、黄粉虫、蝇蛆及瘦猪肉糜等。初春，稚龟刚刚苏醒，活动能力较弱，温度不稳定，不可多喂食，每3天喂1次，宜在11：00～14：00喂食。春季和夏季，稚龟每天投喂2次，8：00～9：00、17：00～19：00为宜。秋季，早晚气温变化较大，喂食宜在10：00～11：00，每天1次。投喂量以投喂后1小时能吃完为宜。当温度20～33℃时，龟能正常进食，其中，25～28℃时摄食量最大。当温度15～17℃时，大部分龟已停食，较少活动，随着环境温度的逐渐降低，稚龟进入冬眠。

150　蛇鳄龟的养殖特点有哪些？

我国龟种不但生长速度缓慢，且体型小、产卵少。如常见的乌龟，个体大的仅达到800克左右，每次产卵仅有10多枚；恒温条件下，乌龟的生长速度仍然较慢。蛇鳄龟与国内的乌龟、黄喉拟水龟和中华鳖（甲鱼）的养殖特点相比确实与众不同，主要有四大特点：

（1）生长速度快　一位养殖户曾在80只/米² 的高密度条件下饲养稚龟，日增重5.99克，按此计算，每月增重约180克，一年增重2.1千克。由此可见，10克左右的稚龟仅需1年的时间就能成为商品龟。

（2）产卵多　据美国有关资料报道，雄龟性成熟为3～5年，雌龟为4～6年。人工饲养下有早熟的现象。在美国佛罗里达州的1个蛇鳄龟养殖场，曾用10千克左右的雌龟做种龟，结果雌龟每窝产卵 80～120 枚，且一年能产 6～7 窝。国内一养殖户曾以重 1.5 千克的雌龟做种龟，收到卵 16 枚。

（3）含肉多　蛇鳄龟腹甲呈十字形，仅有自身背甲的 1/3～1/2，较其他龟类小，故其腋窝、胯窝和四肢的肉较多。用同样重 500 克的蛇鳄龟和乌龟，经去除甲壳和内脏（未剔除骨骼）比较发现，乌龟肉重 282 克，占自身重量的 56%；蛇鳄龟肉重 364 克，占自身重量的 73%。

（4）饲养方法简单　蛇鳄龟属水栖龟类，以动物性食物为主，植物性为辅，鱼、肉及畜牧家禽的下脚料都是它们美味的食物。蛇鳄龟不危寒冷，环境温度 0℃ 左右仍能自然冬眠。蛇鳄龟对水质、环境温度和饲养场所要求也不高。

水质管理方面，初春和秋季早晚气温不稳定，水温变化大。所以，日常管理中，应勤测量水温，且测量水面和水底的温度，温差不宜超过 3～5℃，否则龟易患病。夏季稚龟进食多，排污也多，水质极易败坏。每次喂食后，应及时清除残饵，换水时彻底清洗池底并消毒。气温较高时，应搭建遮阳棚，适当增加水位。冬季加温饲养的龟，换水时应特别注意新加入的水同原池水水温的差异不能过大，一般不超过 2～3℃。

冬季管理方面，在自然条件下，每年 10 月至翌年 4 月是稚龟冬眠期。根据稚龟不同的出壳时间，采取不同的饲养方法。若 7～8 月孵出的稚龟，必须强化培育，增投营养全面的饵料。若稚龟体重达 30 克以上，可使稚龟自然冬眠，将它们作为种龟预留。若 9 下旬、10 月初孵出的稚龟，因其体内贮存的物质，不能满足漫长冬眠期龟体内能量的消耗，因此，应安装增温设施，使水温恒定在 28～30℃，不让稚龟冬眠，使其继续生长。

151 蛇鳄龟养殖需注意哪些问题？

蛇鳄龟集食用、观赏、药用为一体，开发养殖蛇鳄龟投资小（可利用甲鱼池饲养），尤其是蛇鳄龟的生态养殖模式，应用前景广阔。开发养殖蛇鳄龟，应注意种类鉴别、来源、饲养密度及水温和疾病防治四个方面的问题：

（1）种类鉴别　鳄龟科有 2 个属，鳄龟类主要分为大鳄龟（*Macroclemys temminckii*）和蛇鳄龟（*Chelydra serpentine*）2 种。2 种鳄龟的稚龟在外形上较相似，一般较难区别。

（2）来源　蛇鳄龟市场的一些龟苗，从各渠道组织货源，包括非法入境。蛇鳄龟苗经长途运输后，脱水时间长，龟苗的健康已经受到影响。这些蛇鳄龟苗虽然价格低，但龟的体质较弱，成活率低。因此，选购蛇鳄龟龟苗时，应对蛇鳄龟龟苗的来源、体质状况等情况做进一步了解，避免造成经济损失。

（3）饲养密度及水温　饲养密度及水温，直接影响蛇鳄龟的生长。有的养殖户认为，饲养密度越高，越能高产，但蛇鳄龟绝非如此。有关资料报道，幼蛇鳄龟的最佳生长水温范围为 28～31℃。在相近的适宜水温和同等投喂条件下，饲养密度在 8 000 克/米^{2}时，幼蛇鳄龟每天每只平均增重达 5.99 克；当密度继续增高至 9 200 克/米^{2}时，每天每只平均增重 5.3 克左右（王育锋，2000）。可见，幼蛇鳄龟适宜饲养密度为 9 200 克/米^2 以下。

（4）疾病防治　蛇鳄龟虽较其他龟类易饲养，但在大规模高密度的饲养状态下，由于不易观察到每只龟的活动情况，往往不能及时发现病龟，所以饲养员必须经常下池检查，并做好预防工作。日常管理工作坚持以预防为主、治疗为辅的原则。

152 红耳彩龟如何进行人工饲养？

（1）饲养　红耳彩龟虽为杂食性，但偏爱动物性饵料，如小鱼、小虾、家禽内脏、猪肉、牛肉、蚯蚓和人工饵料，平时也食少量浮萍、米饭等。日常喂食应定点、定量和定时，这样便于观察龟的摄食情况。不同季节喂食的时间不同，6～9 月，宜 7：00～9：00，下午换水；4、5、10 月，宜中午喂食。投喂次数可每周喂 1 次，也可每天喂食，但投喂量以少为宜。喂食时先将食物切碎，放在水中或石块上，喂食后及时清理残饵。为使龟体内的营养达到平衡，防止龟营养不良，还应常喂复合维生素，避免龟患病症。

红耳彩龟大部分时间生活在水中，因此，水质环境对龟至关重要。应保持水的透明度，春、秋季节水位适中，夏、冬季节水位加深，夏季每天换水，冬天不换水。缸养应勤换水，可直接用自来水，换水时将石头全部拿出，清洗上面的黏液、青苔等。

每年的 9、10 月投喂复合维生素，可增强龟越冬期的抵抗力。当水温降至 14℃ 以下时，龟逐渐进入冬眠期。这时需对龟进行体检，检查内容包括皮肤、粪便和眼睛，对不健康的龟应及时处理，治愈后再让其冬眠。冬眠时缸或池内放水。经常观察，缸养每月换水 1 次。翌年 4、5 月随温度的提高，龟开始爬动，可少量喂食。随气温的升高，再增加投喂量。

（2）饲养中的注意事项　种龟饵料中应增加钙的含量，以避免母龟产软壳卵的现象，尤其对个体小或初次产卵的母龟更重要。龟池配套修筑防逃设施，红耳彩龟的逃逸能力较乌龟强，因此，饲养池周围需加固防逃护栏。养殖过程中，对水体消毒时必须注意药物的浓度，避免因药物浓度过高而伤害龟的健康。

153 乌龟如何进行种龟的选择和日常管理？

（1）来源和选购　乌龟种龟可从养殖场和水产市场选购。种龟要求体表无溃烂、无伤、眼睛有神、个体体重高。从养殖场选购种龟，除要求健康外，还应从 2 个或 3 个养殖场选购，雌雄龟来自不同的养殖场，避免近亲繁殖。水产市场的龟，有些是收购来的，这些龟多来自野外，健康状况欠妥。有些龟是温室饲养，温室饲养的龟背甲颜色较淡、发白，这样的龟虽然体重较高，但尚未成熟。

（2）放养　放养时间以 3、4 月较好。新引进的种龟在适应新环境后，将于 6 月逐渐产卵。种龟放养前应消毒暂养 1 周，将浮水龟单独饲养，放养密度以 3～4 只/米² 为佳。雌雄比例以 3：1 或 5：2 为宜。

（3）日常管理　日常管理从投喂、水管理和越冬管理三方面入手。

①投喂：日常投喂小鱼虾、螺类、动物内脏和混合饵料均可。

每天投喂1次，投喂量按龟体重7%～10%为宜。产卵期以高蛋白质饵料为主，适量搭配杂粮、蔬菜，每10天添加多种维生素等营养物。夏季清晨投喂，2小时后清理残饵。秋季10：00左右或傍晚投喂。投食点应长期固定。

②水管理：在养殖过程中尤为重要，水质好坏直接关系到乌龟健康。日常管理中，池塘水要有一定的浮游生物，透明度25～30厘米，水温在22～32℃，能正常投喂食物。每半个月更换1/3池塘水，然后加入新鲜水。

③越冬管理：冬季，乌龟冬眠对种龟有益。因此，当水温下降至20℃左右时，停止喂食，即使少数龟仍能吃食，也不能投喂，避免因温度降低而引起消化不良。冬眠前，需对所有的龟体检。不沉水、有外伤、极度消瘦者不适宜冬眠。随着温度逐渐下降，一部分龟喜水中冬眠，有些龟则上岸冬眠。岸边保持潮湿，铺盖稻草，放置枯树枝等物供龟躲藏。每月检查1次，发现四肢无力、头部不能缩入壳内的龟，应立即加温饲养，让其结束冬眠。

154 乌龟的稚龟应如何饲养？

（1）选购与放养　乌龟苗大小差异较悬殊，小的仅有2.8克左右，大的达5克左右。选购时，重量高、体型大、外观整齐、不缺爪、腹甲部无残余卵黄囊者为宜，尤其注意尾部是否完整。每平方米放养100只左右。

（2）投喂　饵料以肉糜、糊状混合饵料和碎鱼肉等投喂。每天投喂1～2次，早晚各1次。投喂饵料中添加碳酸钙，避免缺钙。每月添加1次大蒜素。通常喂食后2～3小时换水。

（3）日常管理　包括水管理和日常管理：

①水管理：需要注意的是，饲养稚龟的水可直接用自来水（若当地自来水含氯较重，应曝气2天后再使用，有的井水硬度大，也要经过曝气）和无污染的河水。水温高低直接影响龟的摄食、活动，适宜水温在25～32℃。换水时，切忌注意彻底清除污物。稚龟的水位不宜超过自身背甲高度，最好有合适的陆地或坡面供龟爬

动。最高水温同最低水温相差应低于5℃，否则，龟易患腐皮病、肠炎等病症。

②日常管理：需要注意的是，每天照4～5小时太阳，若室内饲养，应添加日光灯或太阳光灯。每月将稍大些的龟分池，避免因规格悬殊而引起"分食不均"的现象。气温下降前，事先准备好加温和保温设备。每月消毒1次，消毒液应经常更换，避免形成耐药性。

155 黄缘闭壳龟如何进行种龟培育？

(1) 种龟的选择　选购黄缘闭壳龟种龟宜在每年4～8月，这期间龟数量多、价格低、易驯化、易饲养。1～3月期间，龟处于冬眠或即将冬眠状态，不易观察到龟的活动、进食和排便等情况，难以确切掌握和保证龟的成活率。成体黄缘闭壳龟的来源主要依赖收购野生龟，野生龟体质瘦弱，胆小，四肢皮肤皱褶多，用手拿龟感觉到龟较轻。挑选种龟，可从龟的外表、粪便两方面入手。健康的龟眼睛有神，眼角膜上无白点，口鼻无血，也无黏液分泌，皮肤及背甲、腹甲无破损、溃烂。爬行时，四肢能将自身撑起，受惊后能立即逃跑。健康龟的粪便为团状，外层包裹白膜，粪便呈蛋清或血红色、淡绿色等均属不正常。

(2) 种龟放养与驯化　体重达500克左右的龟，每平方米放养3～4只，雌雄比为3∶2。新引进的龟多数有拒食现象，需经过一段时间驯化后，方可正常饲养。起初每天以蚯蚓、黄粉虫和瘦猪肉等新鲜饵料投喂，在投喂时切勿惊动龟，直接将食物放在龟的前方，然后在暗中观察龟的行为。将长期拒食的龟隔离饲养，填喂并注射维生素B、维生素C等物质以增加营养，保证其最基本的营养需求。

(3) 日常管理　黄缘闭壳龟的饵料主要以黄粉虫、蚯蚓、瘦猪肉、家禽内脏、蚕蛹、蜗牛和西红柿等为主。但是蟾蜍（包括蟾蜍的幼体）不能投喂，龟易中毒（蟾蜍有毒）。4～9月每天投喂1次，投喂量以龟体重的18％为宜。其中，8～9月的投喂量应相应增大，使龟体内储存的营养物质能满足龟冬眠时的需要。定期添喂多种复合维生素，将药物拌入肉糜中投喂。20～30克的龟应增加钙元素的摄入，以防龟患骨质软化症。投喂点应固定，切忌常更换，否则难以观察龟的进食状况。

黄缘闭壳龟分布广，食性杂，适应力强。日常管理过程中，可根据龟的生活特点，采取看、查、记相结合的方法。看：首先，观察龟饲养场内是否有鼠、黄鼠狼和蟾蜍等敌害，查看是否有它们留下的粪便、脚印，查看浅水区域内是否有蟾蜍的幼体，发现后必须采取防护措施。其次，经常检查龟的腋窝、胯窝等处是否有寄生虫。最后，观察龟的活动、觅食、粪便和行为，发现异常情况及时处理。查：首先，每天巡查龟的数量。其次，巡视浅水区域内的水质、水位情况。初春、深秋之际在换水时，应注意水的温差一般不宜超过3～5℃。夏季雨后应及时排水。最后，经常检查产卵场内的沙是否足够，尤其是在夏季、冬季。夏季，因为龟喜躲藏在沙中避暑；冬季，钻入沙中冬眠。沙量过少，不但对龟不利而且龟产的卵埋得较浅，易被其他龟爬动时带出来，压碎、吃掉。记：对每天查看、巡视过程中的情况，如气温、天气和喂食等方面进行详细记录。不断积累资料，能掌握龟的生活规律，把握龟对温度以及饵料的要求。

当环境温度10℃左右、水温13℃以下时，龟进入冬眠期。冬眠期的龟不吃、少动，躲藏在沙土和洞穴中。这时除每月必要的检查外，尽量少惊动龟，龟池内保持一定湿度。寒流来临前，铺盖草垫或其他保温材料，避免龟被冻伤。

156 圆澳龟的养殖技术有哪些？

（1）龟的选择 挑选外形端正、无损伤、翻身敏捷、双眼有神、四肢有力、色彩艳丽美观、入水后随即下沉的龟做种龟。放养前还需做体表消毒，可用1～5毫克/升的聚维酮碘药浴5～8分钟。

（2）放养密度 放养密度与养殖条件和养殖技术有关，条件好、技术高可适当多放一些。作为观赏龟类，放养密度可适当加大。规格在150克左右的幼龟，每平方米放养50～80只；200～300克的幼龟，每平方米可放养30～50只；如规格再大点的，每平方米放养20只；种龟每平方米可放养5～6只。

（3）饵料与投喂　人工养殖可采用小虾、小杂鱼、瘦肉和动物内脏等，可与甘薯、南瓜、木薯和玉米粉等打碎混合，放置在饵料台投喂。也可采用浮性龟专用配合饲料，添加富含多维素及无机盐等的营养素。幼龟投喂粒径为1～1.5毫米的浮性料；300克以上则宜投喂粒径2毫米的颗粒料。配合饲料日投喂量为龟体总重的2%左右。饲料分2次投喂在掩遮板台四周，尽量撒均匀。

（4）日常管理　投喂1小时后，应把残饵及时清理走，洗刷饵料台，还应把粪污残饵吸排出池；每2～4天换1次池水，新水水温与原水温温差不超过2℃，池水水深在20～30厘米。

（5）病害防治　在上述较高密度的温水养殖条件下，龟一般不发生疾病。但如果长期养在较低水温和污染的水体中会患烂甲病，投饵不当也会使龟患病。为预防龟病，除投喂营养全面的饵料外，还需维持适宜的水温，保持良好的水质。投喂鲜活饵料必须新鲜，腐败变质料坚决不喂，小鱼虾应预先消毒后再投喂。

烂甲病：病原菌主要为嗜水气单胞菌、普通变形杆菌。症状为四肢（特别是脚爪之间的皮肤）和腹甲、角板出现斑点，角盾片脱落或半脱落状，病龟少食或拒食，不下水。治疗措施：在患部清除病灶病痂，用碘酒消毒或浓盐水蘸洗患处，擦干，抹上消炎生肌膏干放，每天给龟饮水1次。同时药浴，药浴液体配制方法为：5千克纯净水加入0.1克罗红霉素，4小时后仍干放，连续药浴3～5天。在施治前应给病龟饮水、喂饵。

157 菱斑龟的养殖技术是什么？

（1）龟苗选择　龟苗选择的要求是无病无伤、活力好、个体大、眼睛清澈、外形无缺陷、体表干净，用手抓住龟体时，感觉挣脱有力。

（2）龟苗放养　放养前务必做好消毒工作。养殖池可用20毫克/升的高锰酸钾或 10 毫克/升的漂白粉全池浸泡，3 天后排掉，重新加水。用 1 毫克/升的漂白粉或聚维酮碘等消毒养殖水，待毒性消失后即可放苗。龟苗放养前用 3％～5％ 的食盐水浸泡 30 分钟或聚维酮碘浸泡 10 分钟后，即可放入养殖池。

（3）龟苗培育　菱斑龟是肉食性龟，人工饲养条件下，主要用小鱼、小虾、瘦猪肉及混合饲料（新鲜鱼打成肉糜并添加鱼粉等复合维生素）喂养，多种饲料交替投喂，可以保证营养全面。水温 25℃ 以上投喂食物，每天投喂 2 次，投喂量以投喂后 2 小时内吃完为宜。2 小时后收集残饵，洗干净饲料台。菱斑龟有夏眠现象，温度高时，其少动、无食欲，因此，需减少投料量或停料；冬天温度低于 20℃ 时，停止喂食。

（4）成龟和种龟培育　种龟池池底要有少量泥沙，水位 80 厘米，水体保持透明度 30 厘米左右，pH 6.5～7。成龟和种龟分池前，用 20 毫克/升的高锰酸钾溶液浸泡 30 分钟后放入池中，第二天仅喂少量食物。饵料以新鲜鱼、混合饵料（新鲜鱼打成肉糜并添加鱼粉等复合维生素）为主。水温 25℃ 以上投喂食物，每天上午投喂 1 次；温度低于 20℃ 时，停止喂食。日投喂量以 4～5 小时内食完为宜。将饵料固定投放在池的一边斜坡上，靠近水面或水淹没食物。

日常管理：每天巡池 2～3 次，上午测量水温，检查前一天投喂食物的剩饵情况，并打扫食台；观察龟的活动和粪便状况；产卵季节，早上检查产卵房沙土，晚间巡视龟活动，龟是否有上岸挖洞穴现象。龟开始产卵后，每天早上挖卵，避免被其他龟误挖损害。

（5）水质管理　保持水位稳定，并及时更换新水，根据水质、天气情况灵活掌握。定期泼洒有益微生物净化水体，或用生石灰或漂白粉消毒，微生物和消毒药物不能同时使用。夏季在池子的上方处搭建遮阴棚，可在池中种植占水面 10％～20％ 的凤眼莲净化水质，以防阳光直射水面。经常进行冲水，防止水温过高，保证龟苗活动、摄食正常。换水时，先排去旧水，清除池内污物后加入新水。换水时温差不能超过 3℃。

158 大东方龟如何进行种龟养殖？

（1）种龟选择　大东方龟性成熟较慢，龟龄 8 年以上才能性成熟。种龟则要求体型完整，个体较大，体表有光泽，健壮，无畸形，无病无伤，体色和体纹无变异，反应灵敏，活动灵活，头脚伸缩自如，爬行快速，倒放在地上能迅速翻回的龟。体重要求雌龟在 4 千克以上，雄龟在 5 千克以上。种龟按雌雄比例（2～3）：1 搭配放养，秋末到翌年春初为大东方龟的产卵期。在营养足够、环境适合的条件下，年产 1～3 次卵。一般在傍晚上岸产卵，产卵时人不要在附近走动，以免惊扰它。待龟产卵后，根据沙土痕迹，及时拨开沙层寻找龟卵，以防止其他龟上来产卵时将卵踩烂。

（2）种龟放养　种龟按规格不同分池放养；种龟入池前，先用生石灰对种龟池和食台、产卵场进行全面消毒，种龟用 4% 盐水浸泡 10 分钟。繁殖池的种龟不能放养过多，种龟放养密度过大，则很容易造成池水缺氧，降低受精率和孵化率。种龟放养密度，应根据种龟个体的大小加以考虑，一般为 1.5 只/米^2。

（3）日常管理　大东方龟属于杂食性动物，动物性、植物性食物都喜爱，既不挑食又贪吃。喜食黄瓜、番茄、胡萝卜、红薯叶、香蕉、甘薯、青菜、新鲜海鱼和海虾等，日投喂量为种龟体重的 3%～5%；用 50% 的新鲜海鱼、海虾肉糜，添加 40% 的熟甘薯、蔬菜等搅拌成团，青饲料以大白菜、胡萝卜和南瓜为主，每天投喂 1 次，一般傍晚投喂，投喂量以投喂后龟体在 2 小时内摄食完为宜。每隔 10～15 天检查 1 次种龟，根据种龟的肥满程度、发育情况等，随时调整饲料配方和投喂量。

水质管理主要通过换水和定期施用生石灰，间隔使用有益微生物制剂进行调节，每隔 5～7 天池塘换水 10%～15%，同时，泼洒光合细菌、复合微生物。每隔 20 天，施用 1 次 10 毫克/升的生石灰。水位要随温度而调整，水温 30℃ 以上时要加深水位，水位控制在 1.5～1.7 米；水温 30℃ 以下时，水位控制在 1.2～1.5 米为宜。

159 大东方龟如何进行稚龟培育、幼龟养殖和种
龟养殖？

目前，大东方龟养殖研究的报道较少，大东方龟的许多特性如年龄识别、饲料营养要求、幼龟培育、成龟养殖产卵、孵化以及产业化养殖技术等仍有待研究。

(1) 稚龟培育 稚龟孵出后很娇嫩，有的脐带未完全脱落，卵黄囊外露在脐孔处，要用70%酒精消毒脐带，或用1%的淡盐水浸稚龟10分钟做体表消毒。消毒完毕后，将其放入塑料盘中爬行，等脐带脱落、腹甲脐孔闭合后，放入清水，水深以淹过背甲1～2厘米为宜。3～5天开始进食，在盆中央用石块设一饭碗大小的小食台用于放置饲料，每天早晚各投喂1次。

大东方龟属于杂食性，稚龟的饲料一般要荤素搭配，植物性食物要占到一半，切不可全都采用肉类饵料。开始时喂猪肝糜，半个月后喂鱼肉、面包虫和香蕉等。投喂鱼虾碎肉糜，或者50%的鱼虾碎肉糜搭配50%的甘薯、蔬菜糜等，投喂量以食完不剩为原则。喂前先换水，喂后2小时换水，换水时注意水温相差不超过3℃。由于大东方龟不能长时间处于低温环境（5℃以下），入冬后，有条件的要用人工气候箱进行恒温培育，温度保持在28℃左右。没有恒温箱也要采取措施，做好防寒工作，温度保持在10℃以上为好。稚龟培育50天，体重可达60克左右，可转入幼龟培育阶段。

(2) 幼龟养殖 体重60～250克的个体称作幼龟。此阶段一般用较大的养殖箱或水泥池来培育，池中央设一直径为15厘米的圆形食台。放养密度50只/米^{2}左右，管理得好，培育成活率达90%以上。

饵料投喂，可参考龟饲料的配比值。由于大东方龟食量大，最好采用配合饲料养殖，再搭配一些蔬菜增加维生素的补充，如胡萝卜、卷心菜、空心菜和西红柿等，几乎所有蔬菜大东方龟都会摄食。

水质管理：投喂前先换水，用同温度的水冲洗池和龟干净后，

加同温度的水至池水深 3 厘米左右即开始投喂。2 小时后清理残饵，排掉污水，用同温度的水清洗池和龟干净后再注入同温度的新水进行培育。

（3）种龟养殖　大东方龟养至 350 克时转入池塘野生放养，实施生态养殖。在放养龟苗的同时放养小鱼、小虾，供小龟自由捕食以训练它的野性。仿生态养殖成本较低，成活率较高，生长速度快，适应能力强。

大东方龟属于杂食性，食量大，在自然界以植物为主。但在人工饲养条件下，大东方龟几乎不挑食，食物范围非常广泛，不但对卷心菜、空心菜、白菜和胡萝卜等几乎所有蔬菜都喜欢食用，还喜欢吃水果，对鱼、虾和贝类有偏好。食用龟的配合饲料养殖，最好要加一些蔬菜、水果来补充维生素，养殖效果更好。在育肥季节，甚至可以将荤素的比例提高到六成以上。从大东方龟的养殖业来看，大多数养殖场采用当地较便宜的原料作为主料，如玉米粉、甘薯和南瓜，再配一定比例的次面粉、小杂鱼和杂虾，用粉碎机打成湿饲料直接投喂。有的养殖场采用配合饲料，再补充一些当地容易取得的青饲料，如甘薯叶、空心菜、油麦菜和苦麻菜等。动物性饲料和植物性饲料搭配合适养殖效果最好，切莫走极端。很多技术水平较为落后的养殖场采用主要投喂青饲料，辅助投喂成品水龟粮的做法，收益效果较差。还有一些家庭养殖，长期投喂肉、动物下脚料、内脏和鱼虾的做法是不正确的，容易造成龟体浮肿、肝脏肿大和代谢不良的疾病。还有需要注意的是，虽然所有大东方龟共同喜爱的食物是香蕉，但香蕉并不能作为主要食物进行长期投喂，长期投喂大量的香蕉，会使大东方龟出现大便不成形、挑食的不良反应。

160 大东方龟养殖模式有哪些？

大东方龟的养殖模式有养殖箱养殖、水泥池养殖和室外大塘池养殖：

（1）养殖箱养殖　养殖箱适合养殖稚、幼龟，成龟、种龟个体大，最好在水泥池或室外池塘养殖。如果家庭养殖成龟、种龟，则要求养殖箱必须足够大，且水深必须足够（建议2倍以上龟体厚度），还要搭设台架，供龟晒背用。

（2）水泥池养殖 水泥池的建造可以灵活掌握，与其他龟的养殖池相近，种龟池要设产卵场。要注意的是，产卵场要足够大，产卵场的土质一定要遇水成型、能结块且易捏碎的土质为好，湿度适宜的沙地也可，土质过硬和不成坑的纯沙地皆不宜；水陆比例要适宜，一般水的面积大于陆地的面积。

（3）室外大塘养殖 大塘主要用于成龟和种龟养殖，每个塘面积为1～1.5亩。大塘设在水源充足、光照充足、进排水方便、环境安静、避风向阳和土质坚实保水性能好的场所，能防旱、防涝、防逃和防盗。池底比较平坦，无渗漏且进、排水方便，可控水位为1.2～2米，并在进、出水口处安置过滤网。种龟池还要设置产卵房。

161 安南龟如何进行苗种培育？

（1）稚龟暂养 安南龟稚龟出壳时体重在6.4～13克，平均9.75克。刚孵出的安南龟稚龟一般先放在塑料盆中，待其卵黄完全吸收后才投喂食物。安南龟龟苗对开口饵料要求较高，因此，这一阶段要加倍精心护理，配制稚龟喜食又营养丰富的食物，才能提高成活率。通常，在稚龟出壳后1个月内喂些糠虾、摇蚊幼虫和水丝蚓等，也可投喂鸡、鸭蛋类和生鲜鱼片、动物肝脏等。最好将鱼虾、蛋黄、贝肉搅碎后加入少量面粉，制成混合饲料投喂，投饵量以稚龟吃完为准。每天投喂2次，上午和傍晚各1次，投喂时间一般选在7：00～9：00和18：00～20：00。1个月后，稚龟转食鱼肉后不久，就可转入稚龟池或养殖箱饲养。

（2）稚龟培育 由塑料盆转移到室外稚龟培育池时，要特别注意温度是否合适，室内外温差不要过大，因为安南龟稚龟对温度较为敏感，温度过高或过低都会影响其成活率。如果自然温度过高或过低，最好先放在能够调节温度的室内池或养殖箱中进行养殖，温度适合后再转移到室外。若条件所限不能在室内饲养，应对室外养龟池采取降温或保温措施。如加盖遮阳网或种植藤本植物、水面种植水生植物等遮阴来降温，加盖塑料薄膜来保暖防寒。

暂养过的稚龟入池前，用3%～5%的食盐水或1毫克/升的高锰酸钾溶液浸泡消毒30分钟，再放入养殖池。安南龟苗的放养密度以每平方米水面放养50～80只为宜。如果养殖经验丰富，也可放到100只。稚龟池水不宜太深，一般在30～40厘米。养殖中动物性饵料占70%左右，可选择小虾、小鱼、贝肉和禽畜内脏等；植物性饵料占30%左右，可选择瓜果、蔬菜及谷物等；也可投喂稚龟配合饵料。饵料放在养殖池斜坡上或饵料台，剩饵要及时清除。投饵应做到定时、定量、定质、定点。

（3）水质管理　安南龟龟苗对不良的水质环境适应能力较弱，因此，要经常清除池中残饵、污物，饲养过程中视水质状况定期换水，并用生石灰水、高锰酸钾溶液或漂白粉溶液对水池消毒，以防病害发生。稚龟也要每周消毒1次，可轮换采用食盐水、高锰酸钾或聚维酮碘浸泡10分钟。注意温度变化不要太大，换水时，新水水温和原池水温不要有差异。最好1周使用1次光合细菌制剂或复合有益微生物制剂，可以保持优良水质，减少换水次数。但使用微生物制剂不要和消毒剂同时使用，使用消毒剂3天药性消失后，方可泼洒微生物制剂。

162 安南龟如何进行种龟养殖？

（1）种龟放养　以繁育苗种为目的的养殖场，种龟的养殖是关键环节，种龟的质量直接决定着育苗的成败。挑选种龟时，应选择体格健壮、身体完好无损，外观有色泽、眼有神，对外界刺激反应灵敏，反转背后能迅速翻正。而断尾、断肢会影响龟的交配，是不能用作种龟的。病龟最好不要购买，以免疾病不能治愈造成损失。挑选好种龟后，放养到池之前要先消毒，可以用聚维酮碘、4%的食盐水或1毫克/升的高锰酸钾等消毒液消毒5～10分钟。亲龟的放养密度为每平方米1～2只，雌雄比例一般为3∶1。

（2）种龟饲料的选择与投喂　安南龟为杂食性，但偏爱动物性食物，也吃一些植物性食物。可以采用小杂鱼、罗非鱼、牛肝、猪肝、贝肉或者加入粉状饲料，同时，要补充一些蔬菜、水果来增加维生素。如果没有养殖经验，最好使用专用种龟饲料。在喂料时2～3天强化一次营养，在饲料中拌入维生素、不饱和脂肪酸、矿物质，特别是钙质一定要充足，以提高产卵率、产卵的数量和质量。饲料投喂要定时、定点、定质、定量。投喂的饲料要保持新鲜，做到当天加工、当天喂完。龟越冬需要消耗能量，而冬季龟又不摄食，因此，越冬前的准备包括强化营养这项工作。越冬前要多投喂一些蛋白质和脂肪含量高的饵料，使龟体贮存更多的营养物质以顺利越冬。饲料要投放在饵料台上，饵料台要分段定点设在紧贴水面的陆地上，便于种龟咽水吞食。当气温降低到15℃时，安南龟还有爬动、进食现象，但此时不应多喂，最好不喂，以免引起疾病；当温度低于10℃左右，龟进入完全冬眠期。

（3）日常管理　日常管理的主要工作之一是水质管理。有条件的要每周检查1次水质，包括pH、氨氮和有害菌等，也可根据水色和底质情况大致判断。水质管理的核心就是要保持良好的水质，采取的措施有两种：一种是有益生物净化水质；二是通过换水引入干净水体。一般每7～10天添加1次光合细菌、每个月轮换使用1次生石灰或漂白粉。换水时要注意天气和温度，选择天气晴朗的日子换水，做到天气不好不换水，冬季一般不换水。引进的水和养殖池的水温接近才能换水，每次换水量不超过20%～30%。避免环境变动较大，引起龟的应激反应。

日常管理的另一项重要工作是，观察龟的摄食和活动情况，及时清理残饵，防止水质污染，发现不正常情况及时解决。要经常巡池、防逃和防盗，还应严防敌害进入龟池。天热时及时加遮阳网或栽种水生植物，天气寒冷时要采取保暖措施。

163 苏卡达陆龟喂食时的注意事项有哪些？

苏卡达陆龟喂养时千万不要喂食过量，每天喂1次就足够。

0～6个月的稚龟，在最初 6 个月里一次喂 1/4 杯，6 个月至 1 岁大的一次喂 1/4～1/2 杯绿菜就足够（1 杯＝0.28 升）。如果不确定龟龄时，就少喂一点。一年后，1 只幼龟 1 天的食物摄取量不超过 1 杯绿菜，成体的摄食量要大一些。如果幼龟投喂过量，或者是让它们任意取食，会造成甲壳、骨骼和矿物质不足的问题，故缓慢稳定的成长是关键。

164 苏卡达陆龟饲养时的食谱有哪些？

苏卡达陆龟的主要食谱是各种各样的青草、野草和苜蓿，因为其食谱中需要有很高的纤维含量，故不能喂卷心菜和莴苣等。苏卡达陆龟与牛一样都是吃牧草的动物，75％的食谱应该是青草、野草和苜蓿，剩下的 25％可以是深绿色阔叶菜，如萝卜叶、芥菜、羽衣甘蓝、菊苣、豆瓣菜（水田芥）、芙蓉叶和花、桑树叶、葡萄叶、蒲公英叶和花（没有杀虫剂的）。如果要投喂羽衣甘蓝的话，隔一段时间喂 1 次、1 次喂少量即可。不可喂甜菜、菠菜、椰菜、卷心菜、花椰菜、绿豆角或者其他豆角、玉米、任何种类的苗芽、西红柿等所有豆类或者蛋白质含量高的植物。苏卡达陆龟在野外是吃草的，如果没有院子，可以在玻璃盒子里种草，然后用草来喂龟。条件允许时，可以适当经常给龟换换口味，让它们总对食物保持兴趣，毕竟每只龟对食物的偏好都稍有差异。

165 苏卡达陆龟的室外饲养需要注意什么？

如果在院子里放养苏卡达陆龟，首先必须确保院子里的草是自然生长的，不要在上面喷洒任何农药或肥料。用篱笆把必须要施肥的花或者菜地围起来。同时，篱笆要做得很坚固，而且埋得很深，以保证龟不会挖土进去。在院子里种上苏卡达陆龟可以吃的草。苏卡达陆龟可以忍受曝晒和酷热，但不能长时间在寒冷、潮湿或者是雨天中，甚至秋季对它们来说都太凉，所以，必须给龟准备 1 个合适的带斜坡入口通道的小棚躲避风雨及其他恶劣的天气。

166 缅甸陆龟如何进行选购？

（1）选购时间　缅甸陆龟活动量、食量都随环境温度的变化而变化。所以，因不同地区的气候、温度的差异，选购缅甸陆龟的时间不能机械地固定在某一个月份或时间，而应该以当地的气候、温度为准则，结合缅甸陆龟自身的习性，因地制宜地选购。

一般来说，在环境温度25℃时，缅甸陆龟爬动且能主动吃食，也就是说，环境温度25℃以上时是选购陆龟的最佳时间。在寒冷的冬季，只要龟窝的温度在25℃左右也可以选购缅甸陆龟，不过携带时必须做好保温事宜，避免陆龟受冻而患病。需要说明的是，环境温度并非指天气的温度，而是指缅甸陆龟生活的环境温度，即龟窝内的温度。

在早春和冬季，一些宠物市场常能见到少量未加温饲养的缅甸陆龟，从外表看，陆龟的体色、外壳都完好无疵，有时也能爬动，不过这些缅甸陆龟因受冻而染病，属非健康龟，且成活率较低，故建议勿选购此类缅甸陆龟。

（2）选购方法　缅甸陆龟因头部颜色不同，分为黄头缅甸陆龟和灰头缅甸陆龟。因背甲颜色不同，分为黄化缅甸陆龟（背甲和腹甲上无黑斑）和黑斑缅甸陆龟（每块盾片上有黑斑）。这些名称仅仅是从观赏角度区分，并不是动物分类学上的分类。黄头缅甸陆龟和黄化缅甸陆龟属佳品。

缅甸陆龟鼻孔处无鼻液，口周围无黏液。四只爪齐全（前爪5枚、后爪4枚）。用手掂量，感觉较重。

167 缅甸陆龟如何进行日常管理？

（1）新来的野生陆龟需隔离并驱杀寄生虫　来自野外的缅甸陆龟，首先要隔离饲养一段时间，待确定它健康后方能与原来的缅甸陆龟混养。野外的缅甸陆龟在捕食时，常将带有虫卵的食物吞入体内，成为一个寄生虫携带者。圈养缅甸陆龟的食物经过加工，携带寄生虫的机会较少。因此，对新来的野生缅甸陆龟需驱杀寄生虫。

具体方法是，在食物中加喂或强行填喂 1 次广谱寄生虫药。对人工饲养过的缅甸陆龟可暂不喂药，到深秋或初冬前喂 1 次广谱寄生虫药。投喂药物后，一般 2～3 天后，有虫体随粪便排出。

（2）食物的种类　缅甸陆龟食物以树叶、水果、蔬菜和牧草等植物为主，此外，宠物市场上还有专供缅甸陆龟食用的颗粒饲料。各种树叶、肉质植物和新鲜菜叶类是最好的缅甸陆龟食物，如桑叶、槐树叶、葡萄叶和仙人掌等。不过，养龟者必须了解一些常见有毒植物的名称，避免错误采摘。水仙花、牵牛花、杜鹃花、猫眼草和夹竹桃等，都是常见的有毒植物。

（3）食物的加工　任何瓜果蔬菜都可作为缅甸陆龟的食物，只是喂食前必须经过处理。由于瓜果蔬菜和花坛里的花草有被农药污染之嫌，投喂前必须充分浸泡和洗净。同时，为方便陆龟啃咬，还需将食物加工成一定形状。首先，将食物放在盆内浸泡 20 分钟左右，也可加少量瓜果蔬菜消毒液。然后，将浸泡过的食物反复清洗 2～3 次，剔除烂、腐的部分，最后，擦干食物上的水分，根据陆龟体型大小，将食物切成形状不一、大小不等的尺寸。通常，将圆形的瓜果蔬菜，如西红柿、黄瓜、西瓜等切成半圆形、月牙形和片状，这样便于陆龟啃咬；若投喂莴笋、胡萝卜和花菜等长条形且硬的食物时，需将食物切成有棱角的形状或丝状；绿叶类的蔬菜如莴笋叶、生菜叶、卷心菜叶和花菜叶等可直接投喂。

（4）投喂方法　加工后的食物，可直接放置在龟窝内，为避免污染龟窝，也可将食物放置在一浅食盆内。浅食盆的高度，以陆龟能爬进去为宜。在室外饲养场地，食物直接放置在地上，无需担心沙土，缅甸陆龟吃进少量的沙土有利于消化。投喂缅甸陆龟的时间没有具体固定的模式，不一定必须在上午或晚上，饲养者可根据自己的作息时间和习惯而定，不过，投喂时间一旦定下来或已经很长时间没有改变，请不要随意更换投喂的时间，避免忽早忽晚投喂现象，使龟饱饥不定，不利于缅甸陆龟的消化和吸收。固定某一时间投喂缅甸陆龟，不但使缅甸陆龟的生活有规律，便于观察缅甸陆龟的吃食状况，而且对训练缅甸陆龟与主人互动也有益处。若投喂时间固定，饲养者投喂前可敲击龟窝、振动一下龟窝的底部或固定给一个信号，即使睡着的缅甸陆龟也会醒来吃食，如此长期下去，缅甸陆龟就可以与主人有更多的互动了。

（5）食量　不同年龄的缅甸陆龟，因新陈代谢和生长发育需要不同，对食物的需求量也不同。一般来说，因缅甸陆龟的稚、幼龟新陈代谢较快，故投喂时以少量多次为准则，即少吃多餐，通常每只每天投喂以2～3次为宜，食量以1/2片卷心菜叶为宜。成体缅甸陆龟活动量大，对食物的需求也多，背甲长20厘米的缅甸陆龟，每次能吃掉1个西红柿、1根莴笋和3片卷心菜叶。若继续投喂，缅甸陆龟仍能吃完，给人的感觉是缅甸陆龟没有饱的时候。但特别需要提醒饲养者，投喂的食量以宁少勿多为原则。有些饲养者将缅甸陆龟与猫狗等同看待，认为缅甸陆龟也要一日3餐或1餐，总怕缅甸陆龟饿着，时不时喂一些食物给缅甸陆龟。我们知道，龟类有耐饥耐渴的习性，缅甸陆龟也不例外的具有此特性。故饲养者不必担心缅甸陆龟会饥饿。人工饲养条件下的陆龟不会饿死，反倒会撑死。野外的缅甸陆龟，即使吃到一顿丰盛的晚餐，也已经爬了很久，花费了很多的体力。所以，成体缅甸陆龟可每天喂1次或隔天喂1次，食量以其体重的10％为宜。

（6）日常投喂和食物加工的注意事项　缅甸陆龟食物种类应多样化，投喂时，应将食物混合在一起，便于缅甸陆龟每种食物都能吃到。给缅甸陆龟的稚、幼龟投喂粗纤维的食物时，宜将食物切碎，这样有利于稚、幼龟对纤维素的消化吸收。草酸含量高的蔬菜如菠菜、苋菜等，可先用开水煮后（破坏草酸）再投喂。菠菜等其他草酸含量高的蔬菜，不能与含钙高的植物（如四季豆、豌豆、三叶草等豆科植物）混合喂，因为草酸易与钙形成不溶性的钙盐，使缅甸陆龟患尿道结石。缅甸陆龟生食胡萝卜时，利用率较低，仅有25％～50％。若煮熟后，不仅利用率较高，而且口味较甜，质地软，适宜缅甸陆龟啃咬，尤其更适宜稚、幼龟采食。用新鲜甜菜的块根投喂缅甸陆龟，易引起腹泻。若经过一段时间的储存后，有害物质可以渐渐转化为无害物质。发芽的马铃薯中含有有毒物质——

龙葵素，不宜喂龟。由于秋季树叶中单宁的含量比春季的高，故采摘树叶适宜在春季。

（7）为缅甸陆龟洗热水浴　就陆龟来说，常为陆龟洗热水浴是十分重要的。热水浴不仅能促使陆龟排粪便，增强食欲。而且对非健康的陆龟，可在水中添加营养药。同时，也可通过陆龟排出的粪便、饮水多少等情况，判断陆龟的健康状况。可见，为缅甸陆龟洗热水浴是饲养缅甸陆龟过程中较重要的一个环节。无论是新来的缅甸陆龟，还是已饲养的缅甸陆龟，或是野生缅甸陆龟，都必须定期洗热水浴。

洗热水浴的方法：找 1 个大小适宜的盆，盛放 35℃ 左右的水（在冬季浸泡过程中，水温减低至 25℃ 左右时，应及时换水），水位以不超过龟壳高度的 2/3 为宜。先让缅甸陆龟饮水，使龟浸泡30～40 分钟。当缅甸陆龟爬动时，用小牙刷或软毛刷替缅甸陆龟刷洗龟壳。最后，用事先准备好的干毛巾擦干龟身上的水，放在太阳下或温度较高的龟窝中。

（8）龟窝的温度易高　多数陆龟喜生活在温度较高的环境中。适宜温度为 25～35℃。当缅甸陆龟长时间处于低温环境中，易患呼吸道和肠胃疾病，严重者会引起死亡。

五、龟类繁殖技术

168 怎样检查龟怀卵？

龟体内有卵，可以通过 X-射线显影和手触摸两种方法。第一种方法：将龟带到宠物医院照射 X-射线即可。此方法简单、准确，但不适合多数养龟者。第二种方法：将龟腹甲朝上或朝下，双手轻轻伸入后腿窝内，尽量往里伸，若触摸到圆圆的、且较硬的物体，说明龟体内有卵，通常左右均可触摸到。此方法适用于每一位养龟者且容易掌握，但检查结果往往不够准确。若怀卵数量仅有 1 枚，或卵已到达输卵管最后端，则触摸不到龟卵。

龟产卵前都有一些特殊的征兆。停食是龟产卵前最明显的征兆，通常停食 7～10 天，如乌龟和黄喉拟水龟。一些龟不但停食，而且产卵前 20 多天内，不停地变换地点挖洞穴，但又不下蛋。金头闭壳龟尤其明显。另一部分龟因饲养环境内没有沙土，它们找不到适宜产卵的场所，故在缸内显得烦躁不安，欲往外攀爬，或喜停留在石块上。

169 如何收集龟卵？

收集龟卵一般在清晨和上午进行。取卵前先根据沙土痕迹或沿着产卵场依次翻土；挖卵时先用手指轻轻插入沙中（也可用耙轻轻扒土），当手感觉到有物时，轻轻扒开沙土，但不能立即取卵，由于当天产的卵，动物极不明显，移动后对卵有一定的影响（大型养殖场因卵数量多，避免卵被其他龟产卵时翻出损坏或吞食，通常每天都收集龟卵）。发现卵后，应在沙上插上标签，待第二天再取。取卵时，先在卵上方用铅笔轻轻划一标记（大型养殖场内因卵数量多，通常不标记），避免卵滚动后难以辨识方向；捡卵过程中，不能随意翻转卵，卵在洞穴中朝上的一面移到卵箱中也必须朝上，不能变换方向。取卵时宜顺着卵排列的方向轻轻拿起，不可用单指勾拿，宜用筷子、勺取卵，也可直接用手取卵。卵取完后，将沙土整平，使其他龟能再次产卵。卵平放在潮湿沙土（厚2～3厘米）的沙盘内，卵上面盖沙土、潮湿海绵或毛巾等遮盖物，搬动沙盘时还应盖湿润毛巾、盆，避免阳光直射。

卵放在孵化房内孵化3天（多数卵48小时）左右后，可检查卵的受精状况；受精卵中央有乳白色圆环带（有些种类是受精斑块），周围是透明白色，陆龟卵在顶部有乳白色斑点，环带和斑点随孵化时间推移，逐渐扩大，最后直至整个卵。未受精卵没有环带或斑点受精斑，应剔除。有些种类的龟卵受精斑不明显，需等待多日，如西氏长颈龟、鸡龟等种类需孵化7～15天才出现受精斑。将受精卵标明时间，便于日后计算稚龟出壳时间。大型养殖场通常将孵化箱编号，然后将有关数据记录于笔记本上；也可在沙上插一标签。

170 产卵场有哪些类型？

产卵场形式多种多样，分为开放式、半开放式、封闭式、立体式、平面式和木架产卵场。

（1）开放式产卵场　将池塘四周作为产卵场，产卵场除铺垫沙土或沙，最上面铺一些稻草外没有任何遮掩物。此类型产卵场是模拟龟类野外的产卵环境，占地面积大，便于管理；但龟产卵地点分散，收集龟卵耗时间，适宜室外大型养殖场。

（2）半开放式产卵场　依据一段池塘围栏作墙壁，前方由2根木棍支撑，顶部呈15°倾角向墙壁倾斜，形成三面或一面开放式的产卵场，顶部用铁皮、油毛毡或石棉瓦等材料。此类型产卵场占地面积适中，龟产卵地点集中，便于收集卵，可节约工作时间。另外，产卵场位置可根据自身实际生产需要，灵活调整产卵场位置，适宜室内外大、中、小型养殖场和庭院式养殖场。

（3）封闭式产卵场　产卵场四面均用砖砌，通往水面方向留1个供龟进出的长方形或正方形开口；顶部用油毛毡、铁皮或石棉瓦等材料铺盖，侧面或后部留一小门，便于工人进出收集卵。此类型产卵场将龟鳖动物的产卵地点固定，便于集中收集卵，提高工作效率，适宜大、中、小型养殖场。在各地养殖户中，封闭式产卵场最常见。

（4）立体式产卵场　在水池一角或一侧建1个池子，三面用砖砌，一侧以水泥或木板与水面相连，顶部用油毛毡、石棉瓦等物遮盖。此类型产卵场充分利用空间，占地面积小，适宜室内养殖（室内养殖顶部可不用遮挡）、庭院式养殖和阳台式养殖模式。

（5）平面式产卵场　产卵场位于池的一边，略高于水面，陆地与水面间以瓷砖（反面朝上）、水泥板、木板等其他材料相连接。此类型产卵场面积占地适中，产卵地点固定，适宜室内养殖模式。

（6）木架产卵场　产卵场用木条制的框架。人工养殖龟技术中，产卵场里几乎都是铺设沙、土。在湖北李永安的龟产卵场里是满铺一层栅板式的隔垫物（简称栅板），在栅板下装上1块铺垫物（如塑料篷布），该栅板就构成了一个独立的龟产卵床，龟产卵于篷布之上、栅板之下，该产卵床除可安放于所有的产卵场地外，还可设法安放于水池的水面上或者水面的上方空间。此方法改变了龟产卵的环境条件，使龟产的卵易发现，易采收，易清扫，又不易于造成破损。该方法已由李永安申请了专利。

产卵场离水面30～50厘米较适宜；若产卵场离水面较近，容易发生雨季池塘水位升高淹没产卵场情况。产卵场形状通常为长方形，但也可根据场地因地制宜设计为正方形、半圆形等形状。产卵场面积根据场地大小设计，通常没有固定尺寸，一般（0.5～1）米^2×（2～5）米^2；有的大型养殖场，通常将整个岸边均作为产卵场。产卵场内铺垫沙土混合物、土和沙均可；为保持产卵场潮湿和为龟提供隐蔽场所，在沙土上盖稻草是一个很好的方法。产卵场斜坡通常以木板、水泥、瓷砖、石块与产卵房连接，坡度15°～30°较适宜。有的在木板上钉横条，水泥或瓷砖表面打磨粗糙，便于龟攀爬。产卵场模式可依据场地设计，可单独用一种模式，也可将两种模式相结合，如将封闭式产卵场和开放式产卵场结合。为杜绝龟四处随意产卵现象，可采取在泥土表面铺盖塑料制的网、铺砖等措施。在非产卵季节，用铁皮、瓷砖、木板等物将产卵场遮盖和拦截，可避免龟携带泥土入水，保持水质清澈。

产卵前应做好产前准备工作。首先，检查产卵场设施和做好准备工作非常重要；产卵场沙土是否充足，沙土潮湿是否适宜，溢水口是否堵塞。其次，孵化房、孵化箱、卵的覆盖物是否配齐，温度计、湿度计、加温设施、海绵等用具是否配备。另外，孵化用的材料是否消毒曝晒（多数养殖场用新土，旧沙土易发生霉变）。龟产卵多数在凌晨、傍晚及夜间，也有少数在中午。产卵时需环境安静，除收集卵的工人外，其他人员尽量少进入产卵场，避免影响龟产卵。

171 什么是龟卵的自然孵化？

龟产卵后，不取出卵，凭借自然界的光照、雨水而产生的温度、湿度，任由卵在产卵场自然孵化。这种孵化方法的孵化率较低。

172 常用的人工孵化方法有哪些？

目前，国内龟卵人工孵化主要有人工孵化、箱室恒温孵化和无沙孵化3种。人工孵化，是将收取的龟卵放到器皿中，借自然温度和湿度（适当喷水）孵化；箱室恒温孵化，是将收取的龟卵放到有恒温装置的箱室内的孵化盘里，然后将温度与湿度调控到需要的度数；无沙孵化，即将收取的龟卵直接放到无沙的盘槽内，控制温湿度。

173 孵化龟卵具体如何操作?

有条件者可选择朝南处建设 1～3 米² 的玻璃房,或选择大小适度(根据一次孵化龟卵的数量决定)的木(塑)箱或陶缸等器皿。将清洗曝晒消毒后的沙,置于器皿或玻璃房内摊平。将龟卵每枚间隔 2 厘米平放在沙上,然后轻轻覆盖 3～5 厘米沙土,最上层铺湿过水的海绵(以手轻轻挤出部分水为度),在沙中或玻璃房里,插挂温度计和湿度计,温度控制在 22～33℃,湿度掌握 8％～12％。最后,就是日常掌握温度和湿度了。温度不够时要加温,玻璃房夜间需在玻璃房上覆盖棉制品,以避免温度散失;湿度是每天查看沙土的干湿情况,适时喷水。经过 50～65 天的孵化,稚龟将破壳而出。此外,还有另外一种孵化法:箱室恒温孵化法,收取龟卵不多或一次孵化数量不大者,可选购 1 台恒温孵化箱,按恒温箱内部空间,配置 1～3 个塑料盘或木盘作卵盘,先在盘底铺上 2～4 厘米厚的经曝晒消毒的沙土,然后将龟卵以间隔 2 厘米左右平放在沙土上,再覆盖上 3～4 厘米的沙土,插入温度计和湿度计,以掌握沙土的温度与湿度。卵盘处置好后放入恒温箱内,将箱的温度调至 30℃,湿度控制在 80％～90％即可。日常每天查看箱中温湿度 3～4 次,发现问题及时处理(主要是沙土中的温湿度),并做好每次查看的纪录。这样到临近孵化末期,可计算积温和稚龟的出壳时间。

174 无沙孵化法具体如何操作?

无沙孵化,就是直接将龟卵放在卵盘中,然后将卵盘置于恒温箱里控制温湿度进行孵化。不同的是,卵盘底层铺上含水率 90％的消毒海绵,中间放上凹槽或用 2 厘米厚的泡沫板,板上挖数个直径比龟卵略大的洞,龟卵平放在凹槽或板的洞内,然后在龟卵上盖上含水率 50％左右的消毒海绵。恒温箱内温度控制在 28～30℃,湿度控制在 85％～90％。以后,每天观察龟卵表面干湿情况(一般以卵表面有针尖状细小水珠为宜)和恒温箱内的温湿情况,并做记录。白天注意打开透气孔，尤其到了孵化后期更要注意通风"凉盘"。

175 常用的孵化介质有哪些？

孵化介质，指孵化卵用的覆盖物。介质以沙、土和沙土混合物为主；也可用椰壳屑、沙与石子混合物、苔藓和蛭石等作为孵化介质。

176 孵化时对温度有何要求？

温度在孵化过程中起着重要的作用。温度的高低，直接应影响到胚胎的发育、孵化期的长短和稚龟的性别。温度越高，胚胎发育越快，孵化的时间越短；反之，温度偏低，胚胎发育就慢。孵化时间就长。当温度控制在30~33℃时，孵化出的稚龟绝大部分呈雌性；温度在23~27℃环境下，孵出的稚龟大部分呈雄性（表5-1）。

表5-1 部分龟种稚龟与孵化温度的关系

中文名	雄性	雌性	中文名	雄性	雌性
乌龟	23~27℃	32℃	欧洲龟	24~28℃	高于30℃
蛇鳄龟	25~30℃	低于24℃或高于30℃	锦龟	25℃	30.5℃
密西西比图龟	低于25℃或高于35℃	25~35℃	小动胸龟	25~30℃	低于24℃或高于30℃

177 孵化时对湿度有何要求？

湿度，是指孵化用的沙土和空气中的含水量。沙土的湿度，也直接影响到卵胚胎的发育和孵化率。湿度过高，沙土含水量过大，胚胎无法与外界进行气体交换，易闭气死亡；湿度过小，卵内水分蒸发而使胚胎在卵内干涸死亡。由此可见，湿度与温度是孵化中的主要注意方面。

此外，影响龟卵孵化率除温度、湿度外，龟卵的采集时间、温床（卵盘）的材料、卵的摆放位置、层次以及环境的宁静与卵盘的碰撞等，都会影响到卵的孵化率。其次，还要注意老鼠、蚂蚁等生物对卵的侵害。

178 稚龟应如何暂养？

（1）收集　稚龟用乳齿破壳后还会在卵内停留1～2天，这时不要急着强行拿出小龟，否则将会影响成活率。有些卵黄囊尚未吸收的小龟，应取出放在浅水中暂养，容器四壁应光滑，以防止卵黄囊擦破而被细菌感染。

（2）选择　收集来的稚龟需经过筛选，去劣留优。通常，具备体重3克以上；重量越重越好；背甲边缘平直，不卷曲；腹甲卵黄囊完全吸收；体表无伤残溃烂和白色斑点的稚龟称为健康龟。

（3）消毒　稚龟体弱，极易感染病菌，尤其是水霉菌和嗜水气单胞菌。投喂前必须用0.01％高锰酸钾溶液浸泡消毒后再投喂饲养。

（4）暂养场所和水位　稚龟背甲、腹甲略软，放在水泥池内饲养易擦破腹甲、四肢及爪。故应放在光滑的搪瓷盆、塑料盆内，水深2～4厘米，加水时应缓缓倒入，速度不能快，以免稚龟呛水。

（5）饲养方式　自然条件下，我国每年10月至翌年的4月，稚龟进行冬眠。在人工饲养情况下，则应根据稚龟不同的出壳时间，采取不同的方法。若7～8月孵出的，必须强化培育，增投营养全面的饵料，使稚龟体内贮存较多的能量，体重达20克以上，使稚龟自然冬眠。若9下旬、10月初孵出的稚龟，因其体内贮存的物质，不能满足漫长的冬眠期龟体内能量的消耗，因此，应加装增温设施，使水温恒定在28～30℃，稚龟则不经过冬眠继续生长。

（6）投喂　稚龟活动较大，摄食能力强。一般投喂熟蛋黄、水蚯蚓、蝇蛆及瘦猪肉糜等，不能投喂高脂肪或盐腌过的饵料。投喂饵料宜每天1～2次，投喂量以投喂后1小时能吃完为宜。当温度20～33℃时，龟能正常进食，其中，25～28℃时摄食量最大；当温度15～17℃时，大部分龟已停食，较少活动，少部分龟仅能少量摄食。

（7）水质管理　稚、幼龟进食多，排泄物也多，水质极易污染，每次喂食后，应及时清除残饵。换水应彻底并消毒。夏季，由于气温高，应搭建遮阳棚，适当增加水深。加温饲养的龟，换水时特别注意新陈水温的差异不能过大，一般不超过 2～3℃。由于稚龟的水位浅，水温变化快，在初春、秋季应勤测量水温，尤其是冬季进行加温时，必须测量水面和水底的温度，温差不宜超过 3～5℃，否则龟极易患病。

179　稚龟如何进行冬眠管理？

体质健康的稚龟，如乌龟、蛇鳄龟、黄喉拟水龟、红耳彩龟等的稚龟，应让它们自然冬眠。但由于稚龟龟体较小，体质弱，较难度过漫长冬季，冬眠的成活率较低。所以，刚孵出来的稚龟在头两年不要让它们冬眠。冬眠期间应经常检查水质、龟体健康情况和粪便等。对体弱、患病或浮于水面的龟应加温饲养，水温控制在25℃以上，并正常喂食、饲养，每月换水 1 次。对于不耐寒的龟类，如陆栖龟类，安布闭壳龟等也应加温饲养，环境温度保持在22～30℃，每天喂食并清理龟窝。

180　种龟应如何选购？

种龟选择的好坏，是养龟成败的关键：一般选用 100～200 克的小龟作为种龟。要求种龟的体色鲜艳，龟体扁平，四周对称，椭圆形，龟体健壮，无残缺，有光泽。种龟选好后先在水中洗净，然后放入高锰酸钾溶液中消毒 1 分钟再放入容器中即可。注意不能使用年老的龟、带伤有病的龟和用激素养大的龟作为种龟，这些龟不但繁殖能力差，而且生命力也极弱，很容易发生死亡。

181　种龟的性别比例多少为宜？

种龟的性别比例要适当，若雌龟多、雄龟少，会影响龟的受精率；反之，则影响雌龟的产卵量（雌龟每年仅产1~2次卵）。同时，也会引起雄龟间的争斗。一般雌雄龟的比例以3：（2~1）为宜。

182 健康龟的外部条件有哪些？

挑选龟类时，首先看龟的体表状况，凡健康的龟，爬行时四肢把身体支撑起来行走，且反应灵敏，两眼炯炯有神，用手拉它的四肢，肢体有力不易拉出。这类龟能主动进食，放入水中能沉入水底（陆栖龟和半水栖龟例外）。将龟放在手中掂量，感觉龟体较沉重，且龟体表面无损伤，肢、爪、尾无缺损等，符合上述条件的龟，基本上属于健康的龟。

183 发育不良龟的特征有哪些？

发育良好的龟四肢肌肉发达、粗细均匀，肌肉饱满富有弹性，背甲、腹甲较硬；反之，龟甲较软、肢体干瘪、生长速度缓慢的龟，即视为发育不良的龟。

184 如何判断龟营养不良？

龟的营养状态，反映它的机体物质代谢的总水平。如何来判断龟的营养状态，一般以龟的四肢肌肉丰满度与鳞片多少为依据，通常分为3类，即良好、中等和不良。龟的皮肤有光泽并有弹性，肌肉饱满、肥瘦均匀、鳞片完好等视为营养良好类。龟的皮肤色泽暗淡，且褶皱多、无光泽、四肢肌肉干瘪、骨骼显露、放在手中掂量感觉非常轻飘者即为营养不良类。这类龟还极易患腹泻和贫血症等病，趋于良好与不良两类之间的属中等。

六、龟类疾病防治技术

185 引起龟类疾病的原因有哪些？

（1）环境条件　龟类赖以生存的环境条件，包括自然因素、人为因素和生物因素三个方面。

自然因素包括光照、温度和水质条件。龟是变温动物，其摄食、活动、生长和繁殖等都受温度的制约。例如，当环境温度25℃左右时，多数种类的龟都能正常摄食、活动和生长，其疾病发病率下降；当环境温度15℃左右时，多数龟都已停食和冬眠，这时的龟也最容易患病。水是水栖龟类的主要环境，水源、水质好坏直接关系到龟类的健康。水中过多的氟化物、腐败物、氨氮等，均能对龟构成危害。在生产实践中，水源不洁、消毒剂过量和农药污染等，都是导致龟发病的常见因素。

在生产实践中，龟的许多疾病是人为因素引起。主要表现在：龟池选址不当，池内饲养密度过大，池塘基础设施简陋，管理方法欠妥和过分使用药物等。

生物因素包括病原体、浮游植物、浮游动物和其他养殖品种。养殖过程中，有些生物能消除残饵、粪便，有些能改良水质，有些则能破坏水质。因此，养殖过程中保持有益生物存在，可抑制有害生物生长，确保龟池有良好的环境，减少龟患病的概率。

（2）病原体　引起龟类发病的病原体，包括真菌、藻类、细菌和寄生虫等。细菌广泛存在于水、土壤和空气中，当环境条件适宜其生长、繁殖时，经消化道、创口感染。生活于室外的龟类，体内和体外常有寄生虫存在，当其生存环境适宜时将引起龟患病，且易引起其他并发症。

（3）动物机体　龟类自身拥有一定的免疫防御能力。但是，如果环境恶劣、饲养管理不当等，龟体自身的抵抗能力将下降，自身免疫细胞吞噬及杀伤能力、肝脏解毒能力减弱。

186 龟类外部症状如何进行观察诊断？

外部症状可从体态、运动、皮肤和可视黏膜来观察。

（1）体态：包括龟的体格、营养状况、精神状态、姿势和运动5个方面。

①体格：发育好的龟类，四肢粗细均匀，肌肉饱满且富有弹性，背甲和腹甲壳坚硬，无软壳现象；反之，发育不良的龟个体，四肢纤细，肢体瘦弱，用手压背甲和腹甲壳，感觉较软，生长速度缓慢或停滞。

②营养状态：表示动物机体物质代谢的总水平。龟类营养状态，通常是以龟四肢的肌肉丰满度和鳞片多少为依据，来判断龟的营养状态。营养状态可分为良好、中等和不良三种。营养良好的龟，皮肤有光泽且富有弹性，肌肉饱满，肥瘦均匀，鳞片完好；营养不良的龟，皮肤暗淡且褶皱多，四肢干瘪，骨骼显露，用手掂量龟体，感觉非常轻。营养不良的龟，常常易患腹泻、贫血等疾病。

③精神状态：动物的中枢神经系统机能活动的反映。健康的龟，姿态自然，动作敏捷且协调，反应灵敏。以陆龟为例，陆龟爬行时，四肢能将自身沉重的硬壳托起（腹甲离开地面）爬行，而不是腹甲在地面上摩擦，四肢拖地爬行；当有敌害靠近或感觉到有振动时，立即停止爬行，并将头颈、四肢、尾缩入壳内，使敌害无从下手。精神状态不好的龟反应迟钝，遇有惊动，不能迅速作出应急措施，经常躲藏在角落，缩头闭眼少动。

④姿势：动物在相对静止或运动过程中的空间位置和呈现的姿态。就龟类而言，不同生活习性的龟，保持特有的生理姿势。如健康的陆龟类，静止时腹甲趴伏于地面，时常伸头四下张望；爬行

时，龟的四肢有力，伸屈自如。若陆龟站立时，四肢摇摆或不能站立，仅顺着地面匍匐前进，多见于营养不良、骨折和关节脱位等病。

（2）运动　运动检查是对龟的游动、爬行等进行观察。健康的龟类在爬行时，左前肢和右后肢一起动，然后右前肢和左后肢再动。以水龟为例，当水龟在水中游动时，四肢动作协调一致，灵活自然，若出现圆圈运动、跛行等，有可能四肢的肌腱能或神经调节发生障碍。

（3）皮肤　通过对龟皮肤的检查，可以了解内脏器官的机能状态（如皮肤水肿，可判断心、肾机能），发现早期症状（皮肤上有红色斑点，可考虑龟是否患炭疽），判定疾病性质（依据皮肤弹性的变化，可了解脱水的程度），作出决定性诊断。皮肤检查可从皮肤颜色、鳞片脱落、皮下组织、皮肤疱疹四个方面检查。

①皮肤颜色：能反映出龟类血液循环系统的机能状态及血液成分的变化。龟类的皮肤具不同的色素（如黄喉拟水龟的四肢背部皮肤为灰褐色、红耳彩龟的四肢皮肤为绿色），检查较困难，一般通过龟可视黏膜的色彩足以说明问题。

②鳞片脱落：健康龟的鳞片应整齐和完整。若龟四肢上的鳞片轻轻触摸，鳞片即掉落或经常自行脱落，可考虑龟发生营养代谢障碍，慢性消耗性疾病。

③皮下组织检查：应注意从肿胀部位的大小、形态、内容物性状、硬度、移动性及敏感性几方面判断。龟类皮下肿胀，一般为皮下水肿、脓肿和肿瘤。皮下水肿特征是皮肤表面光滑、弹性消退，肿胀界限不明显。脓肿的特点是皮下组织呈局部性肿胀。肿瘤是动物机体上发生异常生长的新生细胞群，形状多种多样，龟的肿瘤常在颈部、四肢和耳后。

④皮肤疱疹：许多疾病的早期症状，多由传染病、中毒病、皮肤病及过敏反应引起。疱疹又分为斑疹、丘疹、水疱和痘疹等，龟类常患斑疹，斑疹是皮肤充血和出血所致，用手指压迫红色即退。

（4）可视黏膜检查　检查可视黏膜除了能反映黏膜本身的局部

变化以外，还有助于了解龟体全身血液循环的状态。一般对龟类的眼结膜部位进行检查，而其他部位的可视黏膜则在相应器官系统中进行。眼结膜的检查，主要是指对分泌物的检查。龟类有少量分泌物，如健康的缅甸陆龟分泌物为无色透明黏液，若分泌物为混浊黏液，那龟就有可能患呼吸道疾病或眼部疾病。

187 龟类消化系统疾病症状如何进行观察诊断？

龟类消化系统疾病极为常见，检查时可从食欲、吞咽、饮欲、口腔、泄殖腔和粪便观察。

（1）食欲　龟食欲的好坏，可依据龟进食的数量、进食的次数来判定。健康的龟类，投喂食物能主动捕食（龟受刺激后张嘴，饲养者将食物放入龟的口腔，龟自行吞咽的喂食方式除外），进食数量与平时相当；患病的龟，表现出食欲减退，进食次数减少，有的有异食癖。

（2）吞咽　龟类均无牙齿，食物均整吞整咽。健康的龟能在前肢辅助下，自行将食物吞咽。患病的龟有时虽有捕食行为，但不吞咽；有的将捕到的食物只在嘴中嚼烂，然后吐出。

（3）饮欲　龟类饮欲主要与气候、运动及饲料的含水量有关。水栖龟常生活于水中，饮水行为较难观察。陆栖龟类和半水栖龟类正常情况下，每2～3天需饮水1次，异常改变有饮欲增加（表现频频饮水）及饮水减少或废绝。

（4）口腔　龟类口腔检查，主要包括口腔黏膜、湿度。大多数健康的龟类口腔黏膜为粉红色或淡红色（平胸龟、锯缘闭壳龟、海龟等龟类的舌为灰黑色）；患病龟的口腔黏膜呈苍白色，口腔壁上有白色溃疡。龟类口腔内黏液过多，并挂于喙外端，可考虑呼吸道疾病、咽炎和急性败血症等。

（5）泄殖腔　健康龟类的泄殖腔清洁，无稀粪便污染，泄殖腔孔干燥而紧缩。若龟的泄殖腔孔周围有稀粪便，泄殖腔孔潮湿且松弛，常见于肠炎。

（6）粪便　粪便检查，首先要注意正常粪便和异常粪便的区别。龟类粪便的颜色因捕食的食物种类不同。排出的粪便也不同。如乌龟，食物为混合饲料时，排出的粪便为棕色圆柱形；若食物为瘦猪肉，排出的粪便为绛红色圆柱形。以凹甲陆栖龟为例，健康凹甲陆龟的粪便为绿色长圆柱形或条状；病龟的粪便稀，严重者呈水样甚至泡沫状，颜色多为淡绿色、黄绿色或深黑色。

188 龟类呼吸系统及特殊症状如何观察诊断？

（1）呼吸系统　龟类的呼吸方式较为特殊，其呼吸为吞咽式，正常龟在呼吸时，四肢腋窝有节律地收缩，水栖龟时常将头露出水面换气。可以通过龟的呼吸状态，判断龟的健康状况。若龟张口呼吸，不通过鼻腔，是感冒病症。龟在呼吸时，发出"呼哧、呼哧"的声音，鼻腔中有混浊黏液，是支气管肺炎病症。

（2）特殊症状观察及其诊断　特殊症状，包括实验室检查症状、X-射线检查症状、寄生虫检查症状等。方法与其他动物的操作大致相同。但有关龟类疾病研究较少，一方面稀有品种本身数量少，缺少足够的样本量进行系统的分析，甚至一些生理常数尚无数据；另一方面养殖户无医可求，也没有同实验室或医院相关医务人员有密切来往，以至于人人都是兽医。故有关龟类疾病的防治方法，只能在实践中边摸索、边治疗和边总结。

189 怎样给龟打针吃药？

龟类患病后，就要及时进行治疗，最简单直接也最有效的方法就是给药，即药物治疗。龟是动物，需要人工喂药。喂药办法有两种：一是将药物掺混在饵料中直接投喂。若病龟已停食，就要采取填喂的办法，将龟竖起，拉住它的前肢逗其张嘴，立即把一硬物（细竹木棍、钢镊子等）塞到龟的嘴中，然后将药饵用镊子送入至龟食道的深部即可。二是给龟打针。给龟打针的部位有2处，一处是后肢的大腿肌内注射；另一处将后腿拉出的凹陷处腹腔注射。注射时，先用75%的酒精棉球对皮肤擦涂消毒，然后再将针头刺入皮下肌肉内，缓慢推入药水。腹腔注射时首先要消毒，还需掌握针头刺入深度在 8～10 毫米，针头与腹部成 10°～20°。尤其注意的是，不能使龟的后腿伸缩，否则易造成针头断头；注射深度不易过深，否则容易刺伤龟的内脏器官。注射效果比喂药的疗效快，但安全系数却比喂药的小，因此，要注意药的剂量和打针注射时的操作。为确保安全，注射打针最多每天 1 次。不能长时间使用同一种抗生素或磺胺类药物，以免产生抗药性。

190 龟类疾病防治中的常见基本操作有哪些？

（1）龟的称量和测量　称量体重，是日常管理中的基本工作。通过称量体重，不仅可以了解龟的生长情况，而且是确定药物剂量的依据。称量体重可用天平、电子秤和磅秤等。用电子秤或天平秤体重时，龟易骚动、爬动，可用硬物或小型瓶盖垫在龟腹甲中央，使龟的四肢悬空，或是将龟放入大小适宜的小纸盒中，称量后减去纸盒重量。

测量主要是对龟背甲长、宽和体高等指标参数进行测量。中小型龟可用游标卡尺直接测量，大型龟类用直尺测量。

（2）龟的简单保定　以人力、器械、药物控制动物，限制其防卫活动，确保人和动物的安全，便于诊治或实验工作的正常进行，称之为保定。龟类的保定，常用麻醉、器械和人力三种。

①麻醉保定：又称为药物保定或化学保定。麻醉保定适应性情凶猛、难以接近的动物。龟类的头颈可缩入壳内，在治疗时不易控制，故麻醉保定适宜于较大的龟类。常使用的麻醉药物有氯胺酮、眠乃宁等。对于个体较小的龟，可直接点滴白酒。

②器械保定：最悠久、使用最广泛的保定方法。龟类的保定方法是使用保定架。将龟的腹甲朝上，放置在保定架的中央。通常情况下，也可用中央凹陷的木板、泡沫板代替保定架。

③人力保定：操作人员借助适当的工具，徒手保定龟。背甲15 厘米左右的龟，可直接用手保定。

（3）如何使龟伸出头部　龟缩头后，我们无法观察其头部症状。但龟有自身的弱点：怕痒。将龟平放在桌上或放在手中，用毛笔、小树枝等柔软的物体，轻轻触动龟尾部、臀部和后腿，龟会慢慢地伸出头。切忌注意，此时操作者不能移动身体，否则龟会立即缩回头部。

（4）如何使龟张嘴　龟的头颈缩入壳内，使龟张嘴较难，若借助开口器却能使龟张嘴。方法为：将龟竖立，用硬物刺激龟嘴边缘，当龟张嘴攻击时，操作者立即将开口器送入龟嘴中，调整开口器位置，使龟嘴张开。对体小龟，可先控制其头部，再用金属片从喙的缝隙中插入，然后撬开其嘴。

（5）如何使龟伸出四肢　龟受惊动后，立即缩入四肢。不过，龟四肢受硬物刺激后常常又会伸出四肢。具体方法为：将龟腹部朝上，用手或硬物刺激左前肢，其右后肢会突然伸出；若刺激右前肢，其左后肢会伸出。反之，若刺激左后肢，其右前肢会伸出。当后肢或前肢伸出时，操作者迅速抓住它，并用食指抵着大腿（股）部，使其不能缩入。此方法使龟腿不易缩入壳内，若只抓小腿则极易缩回。

191 龟类疾病防治中如何进行人工投喂？

人工投喂，是治疗龟类疾病的基本方法之一。龟在患病后停食，需人工投喂药物和食物，这些都需要饲养者亲自投喂。投喂的方法分为手喂、填喂和胃管投喂三种：

（1）手喂　将龟竖立，用硬物刺激龟嘴，有些龟嘴会自动张开，此时立即将食物放入龟嘴，并使龟平躺，龟能自行吞咽。若需喂药，可将药物埋在食物中一并投喂。

（2）填喂　对不张嘴的龟，需要用镊子撬开龟嘴，将食物送入食管，使其自行吞咽。填喂后的龟不能立即放入水中，否则，龟将借助水的作用吐出食物。填喂方法适用于停食和患病不严重者。填喂也可用于给龟喂药。

（3）胃管投喂　用于胃管投喂的器械很多，但龟类常用猫、狗导尿管和注射器投喂。

投管前的准备：将导尿管和龟相比，在相当于下颌至腹甲中心处做标记，便于掌握投管的深度。导尿管末端涂抹石蜡油，以减少刺激和阻力。导尿管内需先注入食物或药液，避免气体进入胃腔。投喂食物和药物以液体或流质为宜，食物或药液的温度与龟体温应相似。

投喂方法如下：将龟竖立保定，一人捏住龟头部，掰开龟嘴，另一人将导尿管末端轻轻推进口腔，沿软腭入咽。当龟有吞咽动作时，顺势将导尿管推送，直到事先做好的标记处，然后接上注射筒即可投喂。投喂结束后，不要急于放下龟，使其竖立保持一段时间，避免龟吐出食物。

投喂量的确定：投喂量不能过多，避免因量过大引起液体倒流或胃肠扩张等病症。通常背甲长10厘米以下的龟，每次5毫升左右；背甲长10～18厘米的龟，每次8毫升左右。

192 龟类如何进行肌内注射和腹腔注射？

注射是治疗龟类时常用的方法之一，它可以将药物直接注入体内，迅速发挥作用。兽医常用的注射方法有皮下注射、静脉注射、肌内注射和腹腔注射等多种方法。龟通常使用肌内注射和腹腔注射两种：

（1）肌内注射　龟类肌肉内血管丰富，药物注入肌肉后吸收快，治疗效果好。

大多数抗生素和维生素都能用肌内注射方法。有强刺激性的药物，如钙制剂、浓盐水等不能直接进行肌内注射。注射部位位于前后肢的肌肉（应注意避开神经）。通常在后肢注射较方便，但一些对肾脏有毒害作用的药物，如庆大霉素、硫酸链霉素和卡那霉素等，若从后肢注射，药物随后肢的血液汇入肾脏而造成危害，因此，注射上述药物应从前肢注射为宜。

注射方法如下：首先将动物保定，局部用碘酒或酒精消毒后，针头与皮肤呈45°（通常是针头与皮肤呈垂直的角度，但龟皮肤表面有鳞片，且肌肉较少，不宜用90°），迅速刺入肌肉2～4厘米（视动物大小而定），将药液缓缓注入。注射完毕，用酒精棉球压迫针头部位，迅速抽出针头。

（2）腹腔注射　腹腔能容纳大量药液，腹膜具吸收能力，可注入药液作治疗用。

适用无刺激性药液，如氯霉素、硫酸庆大霉素和硫酸链霉素，注射部位位于龟后肢与甲桥之间的凹陷处。注射方法：先将龟保定，然后一手拉出后肢，一手用药棉消毒凹陷处，针头朝向龟的头部，与腹甲呈 20°刺入皮内，深度 1 厘米左右。切忌刺入过深，以免伤及内脏。

193 **龟类体表消毒常用的药物有哪些？**

（1）食盐　又名氯化钠，白色结晶颗粒或粉末，味咸、无臭、易溶于水。1％～3％浓度的食盐水浸泡 15～20 分钟，可防治细菌和霉菌；400 毫克/升食盐水加 400 毫克/升碳酸氢钠，能治疗水霉病。龟不能浸泡在有食盐水的镀锌容器中，以免发生中毒现象。

（2）高锰酸钾　中文俗称过锰酸钾、灰锰氧，呈深紫色细长斜方柱状结晶，有金属光泽、无臭、具有杀死病原体、创面收敛作用。常用于稚、幼龟阶段的体表消毒剂，通常用 0.1％溶液消毒龟。龟体表反复溃烂且长期不愈，可直接用高锰酸钾粉末涂抹体表，不再用其他药物。高锰酸钾是一种强氧化剂，在阳光下易氧化失效，应用棕色瓶包装、避光保存。另外，高锰酸钾是易燃易爆危险药品，如果养殖中使用该药品，则必须在当地公安机关备案做相应记录。

（3）硼酸　白色粉末，无臭，溶于水，呈酸性。具杀菌作用，对组织无损伤，常用 2％～4％溶液冲洗口腔、眼睛和阴道等处黏膜。

（4）碘及碘制剂　蓝黑色结晶或片晶，质重而脆，具金属光泽、难溶于水，但溶于酒精和甘油。碘酒（碘和碘化钾的酒精溶液）、碘甘油（牙科药用）和浓碘酒等是常用碘制剂，其中，碘酒使用较多，是最有效的皮肤消毒药。

194 养龟环境消毒可以选用的药品有哪些？

（1）漂白粉　白色颗粒粉末，有氯臭，在空气中易潮解，在光、湿和酸性环境中分解速度加快，应密闭保存，不能用金属器皿盛放。该药物具有杀灭细菌、真菌和病毒作用。常规遍洒浓度为 2～3 克/米³，清塘消毒 10～20 克/米³。另外，超市出售的 84 消毒液等消毒液安全、方便，适宜家庭养龟使用。

（2）生石灰　灰白色、块状，易吸收水，逐渐变成粉状熟石灰。具改良酸性环境、杀灭病原体和提高水的硬度和碱度的作用。清塘消毒用量为 100～150 克/米³；全池泼洒用量，水深 1 米时，每亩用15～20 千克。

195 龟类养殖中常用抗生素有哪些？

（1）氯霉素针剂　广谱抗生素。对革兰氏阳性、阴性菌均有抑制作用。常用治疗白眼病，腹腔注射 25 毫克/千克。用 2 克/米³浸泡龟，对出血性疾病有一定疗效。毒性大，过量使用将损害肝脏和造血机理。现已被淘汰，但在部分兽医院有售。

（2）卡那霉素针剂　广谱抗生素。对革兰氏阳性、阴性菌均有抑制作用。用 20 毫克/千克肌内注射，可治疗腐皮病。

（3）硫酸庆大霉素针剂　广谱抗生素。对多数革兰氏阳性、阴性菌均有抑制作用，抗绿脓杆菌作用非常显著。用25 毫克/千克皮下注射，每 72 小时 1 次。

196 龟类养殖中有哪些禁药？

在龟类养殖中，龟患病后往往需要使用各种药物。由于改革开放之初网络不发达，农业执法监管较难，个别养殖户大量使用高毒、高残留药品，然而有些药物的毒副作用尚未引起全社会的重视。随着养殖行业不断规范后，现农业部发布了养殖行业中使用药物准则要求，有 7 种药物被列为禁用。

（1）硝酸亚汞　此药物毒性大，易造成蓄积，对人危害大。

（2）醋酸汞　此药毒性大，易造成蓄积，对人危害大。

（3）孔雀石绿　有致癌与致畸作用。

（4）六六六　高残毒。

（5）滴滴涕　高残毒。

（6）磺胺脒（磺胍）　此药毒性较大。

（7）新霉素　此药毒性较大，对人体可引起不可逆的耳聋等。

197 *龟类常见疾病怎样诊治？*

（1）白眼病

【别名】肿眼病。

【病因】由于放养密度增加、水质碱性过强而引起，水温变化大也可引起起此病。

【症状】病龟眼部发炎充血，眼睛肿大。眼角膜和鼻黏膜因眼的炎症而糜烂，眼球的外部被白色的分泌物掩盖，眼睛不能睁开。病龟常用前肢擦眼部，行动迟缓，严重者停食，最后因体弱并发其他病症而衰竭死亡。

【流行及危害】该病多见于红耳彩龟、乌龟，且幼龟发病率较高。春季、秋季和越冬后的初春季节是流行盛期。

【防治】对病症轻（眼睛尚能睁开）的龟，可每天滴3～4次氯霉素眼药水。对严重（眼睛不能睁开）的龟，首先将眼内的白色物、白色坏死表皮清除干净，若出血应继续清理，然后将龟浸泡于有维生素B、土霉素药液的溶液中，每500克水中放半片土霉素、2片维生素B。若治疗绿毛龟，应用1％的呋喃唑酮溶液涂抹眼部，不能采用全身浸泡的方法。

（2）龟摩根氏变形杆菌病

【别名】肝病。

【病因】龟感染摩根氏变形杆菌后患病。摩根氏变形杆菌是腐生寄生菌，广泛存在于泥土、水、阴沟、污水及各种腐朽物质中，经龟消化道、呼吸道、创伤和尿路感染。

【症状】龟发病初期，鼻孔和口腔中有大量白色透明泡沫状黏液，后期流出黄色黏稠状液体。龟头部常伸出体外，不食且饮水较少。龟常爬动不安。

【病理剖检】肝脏肿大呈煮熟样，周边有针尖大的出血点。肾脏有针尖大弥漫状出血点。心脏的尖部充血、出血。脾脏呈暗黑色。肠道空虚，内容物不多。

【防治】发现病龟后立即隔离饲养。肌注氯霉素、卡那霉素和链霉素，每千克体重使用20毫克。每天1次，连续3天。红霉素效果不显著。肌注青霉素无效。口服痢特灵、磺胺类药物无效。

（3）腐皮病

【别名】溃烂病、溃疡病。

【病因】由嗜水气单胞菌、假单胞杆菌等多种细菌引起。因饲养密度较大，龟互相撕咬，病菌侵入后，引起受伤部位皮肤组织坏死。水质污染也易引起龟患病。

【症状】肉眼可见病龟的患部溃烂，表皮发白。颈部、四肢、甲壳及尾部均可发生病变，其中，四肢患病概率较高。

【流行及危害】一年四季均有发生，但春季和秋季发病较高，冬季发病率相对较小。该病有一定传染性。

【治疗】首先清除患处的病灶，用金霉素眼膏涂抹，每天1次。若龟自己进食，可在食物中添加土霉素粉；若龟已停食，可用土霉素浸泡40分钟，切忌放水饲养，以免加重病情。

（4）绿脓假单胞菌败血症

【别名】败血症。

【病因】绿脓假单胞菌广泛存在于土壤、污水中。主要经消化道、创伤感染，饵料、水源中也有病菌。

【症状】行动迟缓，喜趴伏在岸边。食欲废绝、呕吐、下痢，排褐色或黄色脓样粪便。解剖发现：肝、脾肿大，表面有针尖状出血点，胃壁高度水肿、肥厚，胃黏膜溃疡化脓，肠黏膜广泛出血。胃肠内充满混浊褐色的脓样黏稠内容物。

【流行及危害】龟类均有患病现象。具传染性，且传染速度较快。每年季节更替之际易染病，幼龟因体质弱染病率较高。冬季发病较少。

【治疗】早期肌注链霉素，每天 1 次。剂量按龟体重大小而不同。

（5）疖疮病

【别名】脓疮病、疔疮病。

【病因】病原为嗜水气单胞菌点状亚种，它常存在于水中、龟的皮肤、肠道等处。水环境良好时，龟为带菌者，一旦环境污染，龟体受外伤，病菌大量繁殖，极易引起龟患病。

【症状】颈、四肢有一或数个黄豆大小的白色疖疮，用手挤压四周，有黄色、白色的豆渣状内容物。病龟初期尚能进食，逐渐少食，严重者停食，反应迟钝。一般 2～3 周内死亡。

【流行及危害】除冬季外，春、夏、秋季均有发生。成龟和幼龟都会感染发病，早期治疗有一定效果，严重者易引起并发症而死亡。

【治疗】首先将龟隔离饲养，将病灶的内容物彻底挤出，用碘酒搽抹，敷上土霉素粉，再将棉球（棉球上有土霉素或金霉素眼药膏）塞入洞中。若是水栖龟类，可将其放入浅水中。对已停食的龟应填喂食物，并在食物中埋入抗生素类药物。

（6）越冬死亡症

【别名】冬眠死亡症、苏醒死亡症。

【病因】在冬眠前龟体质弱，加之冬眠期的气温、水温偏低，龟难以忍受长期的低温。也有部分龟在秋季产卵后，没能及时补充营养，体内储存的营养物质不能满足冬眠期的需要，导致龟死亡。

【症状】冬眠前，龟的四肢瘦弱、肌肉干瘪。用手拿龟，感觉龟较轻。水栖龟类的龟经常漂浮水面。初春之际，冬眠后的龟不能正常吃食。

【流行及危害】初春之际发病率高，对稚龟、幼龟和亲龟危害较大。

【防治】冬眠前增加投喂量，并添加营养物质和抗生素类药物，如多种维生素粉、维生素 E 粉和土霉素粉等。对体弱的龟，单独饲养，并加温饲养，使龟不冬眠，正常进食生长。

（7）腮腺炎

【别名】肿颈病。

【病因】病原体是点状气单胞菌点状亚种。主要原因是水质污染引起的。

【症状】病龟行动迟缓，常在水中、陆地上高抬头颈，其颈部异常肿大，后肢窝鼓起，皮下有气，四肢浮肿，严重者口鼻流血。

【流行及危害】温室饲养的稚、幼龟发病率较高。该病有传染性，传播速度快。

【防治】肌内注射硫酸链霉素。每千克龟体重注射 20 万单位，连续注射 3 天。对轻症者，可用土霉素溶液（每 10 千克水中放土霉素 3 片）浸泡 30 分钟。

【预防】注射硫酸链霉素，每千克龟注射 10～12 万单位，每年注射 1 次。

（8）食道炎

【别名】食道损伤。

【病因】捕获的水栖龟，有的口腔中有钓钩，日常饲养时，投喂小鱼、小虾等饵料时，未将硬刺剔除，导致龟的食道损伤。

【症状】龟停食，食道黏膜破损，口腔内有异臭味。

【流行及危害】发病较低，危害不大。

【防治】治疗时需 2 人配合。将龟竖立，用硬物撬开龟嘴，将木棍塞入龟口中，使上下颌分开，用镊子伸入食管，夹住钢钩，用力向下拉，使倒钩退出皮肉，然后顺着食管取出钢钩。用 0.3％高锰酸钾溶液清洗创面，将抗生素药粉敷于患面。龟不能放置在深水处，以免感染伤口。

（9）肺炎

【别名】肺病。

【病因】冬眠期龟舍内湿度较大，温度低，且温度变化大。夏季龟舍温度高，闷热，气温突然下降而引起，

【症状】患病龟的鼻部有鼻液流出，后期变脓稠，呼吸声大，龟的口边或嘴边有白色黏液，陆栖龟喜大量饮水。

【流行及危害】季节更替之际发病率高，各种规格的龟均有发病现象。具传染性，危害较大。

【防治】冬季应保证龟舍内温度恒定，温差变化不大。夏季注意通风。环境温度突降时，及时增温。对已患病的龟。先隔离饲养，肌内注射庆大霉素、链霉素。严重者无效。

（10）肠胃炎

【别名】肠炎、肠胃病。

【病因】龟类喂食后，由于环境温度突然下降，投放饵料不新鲜，水质败坏，均可引起龟患病。

【症状】轻度病龟的粪便中有少量黏液，或粪便稀软，呈黄色、绿色或深绿色，龟少量进食。严重的龟粪便呈水样或黏液状，呈酱色、血红色，用棉签攒少量涂于白纸上可见血，龟绝食。解剖发现，肠、胃壁上有出血点。

【流行及危害】春秋季节发病较多，冬季温室饲养的稚龟也有发病现象。稚、幼龟一旦发病较难治愈。

【防治】胃肠炎的治疗，着重对肠、胃的消炎、胃肠黏膜的保护、止泻、补液。轻度病龟，可服用痢特灵、黄连素和氯霉素等。对严重者，采取肌内注射治疗，同时补充维生素B。

（11）营养性骨骼症

【别名】软骨症、佝偻病。

【病因】由于长期投喂单一饲料、熟食，使饲料中的维生素D含量不足，造成龟体内缺少维生素D，且钙磷比例倒置或缺钙，均可引起龟的骨质软化，此病例多见生长迅速的稚龟、幼龟。

【症状】病龟在运动时较困难，龟的四肢骨关节粗大，背甲、腹甲软，严重者的指、趾爪脱落。

【流行及危害】温室饲养的幼龟发病较高。但发病率相对较小，危害不大。

【防治】在饲料中添加虾壳粉、贝壳粉、钙片、维生素D及复合维生素适量。尽可能地让龟照射自然光，也可使用太阳光灯照射。严重者肌内注射10％葡萄糖酸钙（1毫克/千克）。

（12）脐炎

【别名】烂脐。

【病因】稚龟孵出后，饲养在水泥池或不光滑的容器中，龟的腹部磨破而感染。若不及时治疗，稚龟极易死亡。

【症状】腹部的卵黄囊处突起，化脓。龟停食或少食。

【流行及危害】发生于刚出壳的龟。发病率低，危害小。

【防治】稚龟出壳后，先用5毫克/升的高锰酸钾溶液中浸泡1～2小时。已患病的龟单独饲养，将患部涂抹抗生素眼药膏，干放饲养。每天换药。

（13）乳头状肿瘤

【别名】肿瘤。

【病因】乳头状肿瘤，是由被覆上皮的真皮衍化出的纤维结缔组织所形成的良性瘤。通常与体表水蛭及皮肤血管中的旋睾吸虫卵有关。龟体表破损后，在恢复过程中也可长出瘤。

【症状】瘤体的外表为大小不一的菜花状，突出于皮肤表面。开始时，瘤体光滑，圆形，以后表面变得粗糙，坚硬如角质状。瘤体多发生在四肢、颈部等处。

【流行及危害】成龟患病概率较高。发病率低，危害小。

【防治】可用外科切除。切除时间宜在夏季。先将瘤体表面消毒，切除瘤体后，擦抹抗生素药粉，并包扎。每2天换1次药。

（14）纤维瘤

【别名】肿瘤。

【病因】纤维瘤，是一种由纤维结缔组织产生局部性的良性肿瘤，是由病毒所引起。

【症状】瘤体为硬结状的突起，瘤体呈圆形或椭圆形，大小不等。瘤体位于体表时，病龟不出现机能障碍。

【流行及危害】成龟患病概率较高。发病率低，危害小。

【防治】纤维瘤宜早期切除。若切除不彻底易复发，有些瘤体恶变为纤维肉瘤，且易迁移到内部器官。

（15）体外寄生虫

【别名】寄生虫。

【病因】水栖龟类、陆栖龟类因野外的生活环境有寄生虫而感染。寄生虫的种类有蜱螨、蚤和水蛭等。

【症状】龟的表面有虫体，龟消瘦，有部分个体停食。

【流行及危害】除冬季外，春、夏和秋季均发病。发病率低，危害较小。

【防治】发现龟的体表有虫体后立即清除。对新购进的龟，用1‰的敌百虫溶液浸洗，连续 2 天。人工饲养的龟发病率较低。对水栖龟类用 0.7 毫克/升硫酸铜溶液浸洗 20～30 分钟，水蛭脱落死亡。

（16）体内寄生虫

【别名】寄生虫病。

【病因】龟吃食时，将各种寄生虫的卵、虫体带入体内，寄生于龟的肠、胃、肺和肝等部位。寄生虫的品种有盾腹吸虫、血簇虫、锥虫、吊钟虫、隐孢球虫、线虫和棘头虫等。

【症状】龟体质差，外形消瘦，严重者停食。通过镜检，可以确诊寄生虫种类。

【流行及危害】一年四季均有发生，其中，夏季发病较高。各种规格龟都会感染。有些寄生虫危害较大。

【防治】对引进的龟喂驱寄生虫药。如肠虫清、左咪唑等。日常禁止投喂腐烂食物。

（17）创伤

【别名】外伤。

【病因】在捕获、饲养过程中，龟甲壳、皮肤、四肢、口等部位发生擦伤、药伤、压伤。

【症状】局部红肿，组织坏死，有脓汁。

【流行及危害】属常见疾病，幼龟、成龟发病率大。对龟危害不大。

【防治】对新鲜创伤应先止血，用纱布压迫，严重者敷云南白药，然后清洗创面，再用消毒药物（3％双氧水、0.5％高锰酸钾）擦洗，以防感染。大的创口应缝合，包扎。对陈旧、化脓的创伤，先将创口扩大，将创内的脓汁、坏死物质清除，使创伤形成新鲜创面。再依新鲜创面的处理方法治疗。

（18）龟溺水

【别名】肺呛水、溺水。

【病因】半水栖龟类长时间在水位过深的池内，因不能上岸，只能漂浮水面，伸长颈脖呼吸，长时间后，龟体力不支而呛水。有时换水，突然增加水位、水面波动大，也能导致龟溺水。

【症状】龟眼睛睁开，其颈部肥肿，四肢无力。解剖后肺充水，腹腔内水较多。

【流行及危害】稚龟和幼龟发病较多。危害小。

【防治】发现病龟后，将龟头朝下，鼻孔内有水流出，并用指压迫龟的四肢窝，有规律地挤压。轻度溺水的龟，放在通风处，使其慢慢恢复。严重者无效。

（19）口腔炎

【别名】霉菌性口腔炎。

【病因】误食尖锐异物或缺乏维生素C，引起口腔表皮损伤或溃疡感染病菌而发病。

【症状】口腔溃疡，表皮有白色坏死的炎症，严重者有脓性分泌物，龟停食。

【流行及危害】在养殖场中发病概率较高，但不会引起大批量死亡，严重者恢复较困难。

【防治】用消毒药棉缠绕镊子上，清除脓汁，用雷佛奴尔溶液擦洗口腔。用西瓜霜喷洒患部，每天1次。在饵料中拌入抗生素药物，连续喂3天。

（20）脱肛

【别名】直肠脱落。

【病因】个体营养不全，下痢和腹泻而发病。

【症状】直肠露出肛门外，轻者能自行收缩；脱出时间较长，不能缩入体内，直肠黏膜高度瘀血、水肿、发炎和坏死。

【流行及危害】冬眠初醒的龟，因营养得不到及时补充，发病较高。该病不传染。

【防治】对新发现且没有水肿的龟，用0.1%高锰酸钾、1%明矾水清洗脱出物，涂抹金霉素软膏后送入肛门内。严重者需切除，方法同阴茎脱出相同。

（21）喙增生

【别名】喙嘴过长。

【病因】缺乏维生素A，钙磷代谢紊乱或骨质病，先天性喙畸形。

【症状】上、下喙角质异常过大且突出。

【治疗】将龟竖立，用齿锉或电锉将过长的喙磨平修整齐即可。

（22）结石

【别名】龟结石。

【病因】长期缺少水分，过多摄取蛋白质和矿物质，钙磷比例不当，结石为白色坚硬物。

【症状】初期仍能吃食，但5～7天没有粪便排出，后期停食。泡澡时，仅排出少量白色尿酸盐，或见有排便动作，但无粪便排出，多发生在陆龟类。直肠检查，能触摸到坚硬的结石。

【防治】诊断龟有结石后，将开塞露挤入肛门，并将龟倒立放置2分钟，然后放入水中观察。如果仍没有大块结石排出，说明结石过大难以排出。将龟腹甲朝上，尾部浸在水中，食指轻轻伸入肛门内，按摩结石，使结石逐渐变小，以便排出。若仍不能使结石排出，必须实施手术。

（23）脓疮

【别名】耳炎。

【病因】细菌感染。

【症状】常发生在耳部或近耳部的地方，局部隆起，皮下有脓汁。轻者仍能吃食。

【防治】首先，切开表皮，使内容物流出来，用酒精或碘酒清洗伤口后，涂抹抗生素药物（青霉素等）。若患处较大，可用药棉蘸取抗生素粉末放在患处，也可用抗生素类眼药膏拌抗生素粉直接涂抹。水栖龟类不能放在深水中饲养，除患处保持干燥外，其余部位潮湿即可。

七、龟标本制作

198 如何制作龟类浸制标本？

在饲养过程中，龟生病死亡是难以避免的事情。相伴多年的"朋友"故去，难免时常回忆往事。若将死亡个体用科学的方法进行保存，不仅具有观赏、收藏的价值，而且对饲养者来说也是一种安慰。

标本制作有多种方法，浸制标本是利用防腐固定液的固定作用，防止龟体腐烂变质。浸制标本适用于保存中、小型龟类，是标本制作中最简单的方法。

（1）材料与用具　5～10 毫升的注射器、标本瓶、泡沫板、10%～20%的福尔马林溶液、70%的酒精、甘油和凡士林等。

（2）制作方法　将龟体清洗干净。用注射器分别向体腔、四肢、头颈注射 10%的福尔马林溶液，将龟体固定在泡沫板上，整理姿态后连泡沫板一起浸泡在 20%的福尔马林溶液 15 天。然后，保存于 70%的酒精溶液或 5%～10%的福尔马林溶液中，若龟体上浮，可用玻璃块压在上面。盖上瓶盖后需在瓶口处涂抹凡士林，起密封效果。最后，制作一标签贴在瓶的侧面，内容包括中文名、产地、体重和制作时间等。

199 如何制作龟类剥制标本？

剥制标本，是将龟体的内脏、肌肉、部分骨骼等剔除，保留皮肤、龟壳及少量骨骼，经防腐处理后，再用铅丝、木架等物充填龟体。

(1) 材料与用具　解剖刀、剪刀、大号止血钳、铅丝、尖嘴钳、弯头针、缝合针、持针器、丝线（织渔网用的线）、明矾、樟脑、70％的酒精和义眼等。

(2) 制作方法　将龟体头、尾、四肢拉出，彻底刷洗干净。从甲桥一侧，沿着腹甲前缘，切开距离腹甲前缘1～2厘米处的皮肤，一直切到甲桥另一侧。背甲长20厘米以下的龟，适宜用此方法。若龟背甲超过20厘米，除需切开皮肤外，还需切开甲桥，腹甲后缘以此方法切开。再切开颈部、前肢、后肢、尾部的皮肤和骨骼部分，用止血钳、刀、镊子等工具，取出内脏及骨骼（肩带和腰带），最后取出四肢、尾、头颈部分。整个剥离过程中，只保留头骨、四肢上的掌骨及龟壳。

将剥离好的龟体，用明矾和樟脑混合物（明矾3克、樟脑2克）涂抹皮肤内侧（最好的防腐粉是砒霜，又称三氧化二砷，公安部门管制的易制毒药品）。剪取4根铅丝（通常用22～16号铅丝）做骨架。1根长度是从头至尾部，另2根长度分别是从左（右）前肢到右（左）后肢，另一根短的铅丝长度从头部至颈部。将4根铅丝捆扎在一起后，拉开呈米字形。从龟后部放入，先将四肢拉开，分别从四肢掌部穿出，头部插入2根铅丝固定在头骨内，使头部不能随意转动，尾部铅丝末端弯曲，放入泄殖腔孔处，但不露出泄殖腔孔。用泡沫充填体内、颈部和四肢，头部用棉花和少量泡沫充填。充填过程中，应保持龟原有的体态特征，如水栖龟类的前肢扁平，陆栖龟类的后肢圆柱形，腋窝和胯窝通常凹陷等。

缝合皮肤时，应尽量对齐皮肤上原有的纹路。一边缝合，一边不断充填，尽量使龟四肢饱满（风干过程中，皮肤会收缩）。

将龟固定在泡沫板上，剔除眼球后垫入少量油泥，将义眼放入。整理龟姿态后，放在通风处晾干。半年后通身刷一层清漆，最后固定在木板上，外加玻璃罩，一件可以永久保存的工艺品就完成了。

200 如何制作龟类干标本和龟卵标本?

（1）龟类干标本　材料与用具：5～10 毫升注射器、大头针、玻璃容器、泡沫板、15％的福尔马林溶液、70％～95％的酒精等。

制作方法：首先，从四肢、颈部、腋窝、胯窝部位注入 15％的福尔马林。接着，将眼睛挖出，填入少量油泥，装入义眼。然后，将龟固定在泡沫板上，借助大头针固定四肢及头部姿态，头部下方垫一物体，使龟头部抬起来。姿态整理好后，连泡沫板一起放入 15％的福尔马林溶液中浸泡 10 天左右。然后移至 70％的酒精中继续浸泡 5～10 天，再移至 95％的酒精内继续浸泡 10 天左右。最后，拿出放在空气流通和阳光下自然干燥。若背甲小于 15 厘米的龟，在 70％的酒精浸泡后，可直接放在干燥通风和有阳光的地方干燥，彻底脱水。一年后，通身刷清漆即可。

（2）龟卵标本　材料与用具：钻头、注射器、金属丝、70％的酒精等。

制作方法：

①浸泡方法：首先，测量龟卵重量、长径、短径，并纪录产卵日期和龟的种名。然后，将卵直接浸泡于 70％的酒精中即可。

②干制方法：在卵的一端，用钻头轻轻钻 1 个小孔，插入金属丝，将卵内蛋黄搅碎，然后，将注射器插入卵内，往内注入空气，逐渐将卵内蛋黄和蛋白排出。再将清水注入卵内反复冲洗，直到卵内无蛋黄和蛋白为止。最后，用 70％的酒精注入卵内，反复冲洗多次，晾干即可。